はじめてのガロア

数学が苦手でもわかる天才の発想

金　重明　著

ブルーバックス

カバー装幀｜五十嵐徹（芦澤泰偉事務所）
カバーイラスト｜平井利和
本文デザイン｜齋藤ひさの
本文図版｜さくら工芸社・齋藤ひさの

はじめに

音楽、チェス、数学。

この三つは、昔から年若き天才が活躍しうる分野だといわれてきた。これらは、みずみずしく柔軟な頭脳と若々しい情熱が、長年の修業によって培ってきた年輪に打ち勝つことができるジャンルなのだ。

数学の分野で、このような年少の天才をひとり挙げるとすれば、誰もがガロアを選ぶだろう。ガロアは1832年5月30日、いまとなっては真相を明らかにするのは不可能と思われる謎の決闘で、腹部に銃傷を負って倒れているところを通りかかった農夫によって発見され、病院に運び込まれたが、翌31日、この世を去った。まだ20歳の若さだった。

ガロアがフランス・アカデミーに提出した『第一論文』と呼ばれている論文『累乗根《るいじょうこん》で方程式が解けることの条件について』と、決闘の前日にしたためた「数学的遺書」は、そのまま歴史の闇に消滅してしまう危機におちいったが、ガロアの無二の親友シュヴァリエの必死の努力のおかげで、散逸だけは免れた。しかし、ガロアの業績が認められるまでには、それから約半世紀の時間の経過が必要となる。

代数方程式は、ある数 x について、「足す」「引く」「掛ける」「割る」（もちろん0で割る場合を除く：以下同様）をほどこしてつくられた等式だ。「足す」と「引く」、「掛ける」と「割る」は、それぞれ逆の計算になっている。「掛ける」には、同じものを次々に掛けていく「累乗」という計算もある。その逆は「累乗根を求める」という計算だ。

かつて多くの数学者は、代数方程式をつくるときの計算と逆の計算を用いれば、その方程式を解くことができるはずだと確信していた。「足す」「引く」「掛ける」「割る」は当然として、焦点として浮かび上がったのは「累乗根を求める」計算だ。

実際、2次方程式の解の公式は、古代から知られていた。3次方程式と4次方程式の解の公式は16世紀に発見された。しかし、その後300年にわたっておびただしい数学者が5次方程式の解の公式を求めて奮闘したが、ことごとく刀折れ矢尽きる結果となった。ガロアの時代、「累乗根を用いて代数方程式を解く」問題は、数学界全体が注目するイシューの一つとなっていたのである。

そして19世紀はじめ、ルフィニとアーベルによってこの問題は意外な結末を迎える。5次以上の一般の代数方程式に、累乗根を用いた解の公式は存在しないことが証明されてしまったのだ。「ルフィニ＝アーベルの定理」である。ただしこの証明は特殊かつ技巧的なもので、その本質をえぐりだすことはできなかった。

その数年後、ガロアがまったく斬新な方法で、この問題を解決した。この方法によってガロアは、方程式論を超えて、数の世界の構造そのものを明らかにするという快挙を成し遂げた。ガロア以後、数学研究の方法ががらりと変わっていくのである。さらに驚くことは、この論文を書いたとき、ガロアは弱冠17歳だったたという点だ。

この話を聞けば、数学は苦手だ、と思っている方も、若き天才が何をやったのかについて興味を持つことと思う。

趣味は数学だという人は、残念ながら少数派だ。そこで、多数派を占めていると思われる、数学オンチを自認する方々に語りかけるガロアの数学というような本も可能なのではないか、と思い書きはじめたのが本書だ。

そのため、筋金入りの数学嫌いである編集者（いまだに、どうしてそういう人がブルーバックスの編集者をやっているのか不思議に思っている。ブルーバックス編集部は、科学大好き数学オタクばかり集まっていると思っていたが、どうやらそうではないらしい）に、本人が理解できるまで徹底的に検証してもらうことにした。

だから、自分は数学が苦手だと思っている方でも、安心して本書を手にとることができるはずだ。

では、一緒にガロアの夢の世界へ出発するとしよう。

目次

第1章 方程式と人類

第4章 なぜ根を置き換えるのか 145

終章

数の深淵 221

ガロアの年譜

世界のできごと *(斜体は日本のできごと)*	年	ガロアの年譜
アボガドロの法則が発見される。	1811	パリ近郊の町ブール・ラ・レーヌで誕生。
フランスのナポレオン、ロシア遠征失敗。	1812	
イギリスのスチーブンソン、蒸気機関車を設計。	1814	
ナポレオン戦争終結。 インドネシアのタンボラ山噴火の影響で世界が寒冷化、農作物の不作続き、社会不安が広がる。 *杉田玄白『蘭学事始』。*	1815	
伊能忠敬の『大日本沿海輿地全図』完成。	1821	
	1823	高等中学校に入学。
第一次イギリス・ビルマ戦争。 ベートーヴェンの交響曲第９番初演。	1824	
異国船打払令。	1825	
	1826	留年。このころから数学に夢中になる。
シーボルト事件。	1828	理工科学校の受験に失敗。 数学教師リシャールと出会う。
オスマントルコ帝国の支配下にあったギリシャが独立戦争に勝利し、ギリシャ王国となる。	1829	数学専門誌に処女論文を発表。 『第一論文』(『累乗根で方程式が解けることの条件について』)をフランス・アカデミーに提出、コーシーが預かる。 父ニコラ＝ガブリエル・ガロアが自殺。 理工科学校を再度受験、失敗。 高等師範学校に入学。
フランスで七月革命。	1830	フランス・アカデミーの数学論文大賞に向けて『第一論文』を再度提出するが、預かったフーリエの死とともに散逸。 のちに「ガロア体」と呼ばれる有限体についての論文『数論について』をはじめ、４編の論文を数学専門誌に発表。 七月革命での高等師範学校校長の姿勢を痛烈に批判して放校となる。 共和主義者の秘密結社「人民の友の会」に加入、革命運動に身を投じる。
ファラデー、電磁誘導を発見。 *葛飾北斎『富嶽三十六景』。*	1831	再々度『第一論文』をフランス・アカデミーに提出。 革命記念日にデモの先頭に立ち逮捕、収監。 獄中で『第一論文』却下の報を受ける。
	1832	コレラ蔓延のため診療所に移管され、そこで医師の娘に好意を寄せ、失恋。 原因不明の決闘により腹部に銃弾を受け、死亡。

序章

計算の上を飛べ

計算の泥沼

小学校から高校まで、算数・数学の教科書はおおむね、各章の最初に簡単な説明があり、あとはただただ問題が続く、という形式になっている。そのためか、数学の学習は通常、ひたすら問題を解くことの繰り返しになってしまう。そして問題を解くためには普通、ややこしい計算をしなければならない。したがって初学者はまず、計算練習なるものを強要されることになる。

　世に数学嫌いを大量に生み出す最初のステップは、この計算練習なのではないか、と思っている。

　わたし自身、小学校時代の一番いやな記憶は、宿題として出された漢字の書き取りと計算練習だった。マスの中に同じ漢字を書き続けるという作業は、まさに苦行だった。夏休みが残りわずかという日に、残っているプリントの山を呆然と見つめていたことが昨日のことのように思い出される。さっさとやってしまえば数時間で終わってしまう量だったはずだが、まったくやる気が出ないのだ。夏休みの宿題だけでなく、漢字の書き取りの宿題が出ると、なんとかさぼる方法ばかりを考えていた。

　その上、テストになると、「ハネル」だとか「トメル」だとかいう恣意《しい》的な規則を持ち出してうるさいことを言ってくる。こちらを「漢字嫌い」にするための陰謀ではないか、と思ったほどだ。その頃は、漢字などという面倒くさいものは廃止して、すべてかなで表記すればいい、と思っていた。

結局、漢字の書き取りを徹底的にさぼってきたツケが回ってきて、いまだに漢字を書くのは苦手だ。その後、ワープロを使うようになってからはいよいよ漢字を書くことができなくなり、それこそ小学校で習う漢字すらあやふやになってしまった。

数年前、韓国の写真の展示会会場で、写真のキャプションの翻訳を頼まれたことがある。現場にはコンピュータもワープロもなかった。仕方なく紙の上にボールペンで訳文を書いていったのだが、出てくる漢字がまったく書けないので、漢字の部分をカタカナで表記し、そばにいた編集者にそれを漢字に直してもらうという情けないことになってしまった。漢字を読むことはできるし、漢字に関する知識は平均的な日本語話者よりも上だと自負しているのだが、こと書くことになると、小学生にも劣るというのが現実なのである。しかし、それでも何とか小説家として生きている。コンピュータのおかげだ。

コンピュータがあれば、どんな複雑な漢字でもたちどころに表記できる。これはかなり画期的なことだ。昔は漢字を廃止すべし、と思っていたが、コンピュータが普及した現在、逆に漢字についての制限をすべて取っ払ってしまうべし、と考えるようになった。漢字というのは、使いこなすことができれば非常に優秀な文字だ。漢字がいかにすばらしいかを論じはじめると話がとんでもないところまで行ってしまいそうなので自制するが、コンピュータによって漢字を書く苦労がなくなるのならば、これを活用しないわけにはいかないではないか。

同時に「トメル」「ハネル」だとか「書き順」などという些末《さまつ》なことにこだわって漢字嫌いを量産するというような愚挙はやめるべきだろう。


同じように、わたしは計算にも泣かされ続けてきた。それでも小学校までは面倒くさいのを我慢すれば何とかなるという状況だったが、中学、高校へと進むと、さらに問題が深刻化した。

漢字の場合は「トメル」「ハネル」というような細かいことなど気にする必要はない、とひとり我を張ることもできたが、計算の場合は、プラスとマイナスを間違えるとかちょっとした引き算を勘違いするとか、どんなにつまらないミスであっても許されないのだ。そのため、テストで時間をかけて努力した長々とした計算がすべて無駄になり唖然《あぜん》とする、ということが一度や二度ではなかった。

わたしの性格のせいなのか、どれほど注意しても、こういった些末なミスを根絶することはできなかった。そして「数学というのは、計算の泥沼を這《は》いずり回り、こたえを導き出す手順を見つけ出すことだ」と思うようになった。

解にたどりつくことができる手続きの連鎖を、アルゴリズムという。たとえば、1次方程式を解くためのアルゴリズムの一例は次のとおりだ。

①xを含む項を左辺に、定数項を右辺に移項する。

②左辺、右辺それぞれ1つの項になるまで計算する。

③xの係数で両辺を割る。

高校までの数学の答案の大半はアルゴリズムだといえよう。アルゴリズムという言葉を使えば、右の命題はもう少し簡潔になる。

「数学とは、計算の泥沼を這いずり回り、アルゴリズムを見つけ出すことだ」

実際、数学の歴史を見れば、計算の泥沼で芸術的ともいえる華麗な舞いを披露した、綺羅星《きらぼし》のような天才たちを見つけることができる。

「数学王」といわれたガウスは、小学校に入学する前に、レンガ職人の親方であった父親の給料計算の間違いを指摘したと伝えられている。また、ガウス自身が後年よく自慢げに語ったところによると、7歳のときに1から100までの整数をすべて足すという課題を出されて、瞬時にそれを解いて教師を驚かせたらしい。

『ガウス整数論』（カール・フリードリヒ・ガウス著、高瀬正仁訳、朝倉書店）を読むと、まずその信じがたい計算の技法に驚嘆する。わけのわからない文字の置き換えが突然出てきたりするのだが、読み進めていくと、それがはるか先を見通したものであることが判明する。あるいは「……は自明だ」というようなことを言ったりしているのだが、それを確認するためには、何時間も計算（コンピュータを使って）をする必要があるのだ。

「呼吸をするように計算をしていた」といわれていたオイラーも、信じがたいほどの計算の実力者だった。

オイラーの著書には、無限に続く分数の和の近似値を小数で表記する部分が多々ある。あるとき、その数値の一つが誤っていることが判明した。計算をした弟子たちがあわてて再計算をはじめようとしたが、しばらく宙を見つめていたオイラーが、暗算でその計算を訂正してしまったという。数学の研究をしすぎたため、晩年のオイラーは失明してしまったが、それでも計算をやめることはなかった。複雑な微分方程式を解く必要のある惑星の軌道計算を、すべて暗算でこなしていたというのだ。

数多《あまた》の天才たちが驚天動地の技を披露するこの計算の泥沼に、ひょっこりと一風変わった天才が登場する。

われらがガロアである。

ガロア曰《いわ》く。

「計算の上を飛べ」

どういうことなのか。

計算によってできることは、すべてオイラーがやってしまった。この方法を続けていっても、数学の未来はない。だから計算の上を飛ばなければならない、とガロアは言い出したのだ。

つまり、「アルゴリズムを探究する数学」は古いというのである。

実際、ガロア以前の数学は「アルゴリズムを探究する数学」であった。そして、ガロア以後現在に至る数学は、「構造を探究する数学」に変わっていったのである。ガロアは数学の歴史に革

ガウス（1777〜1855）

オイラー（1707〜1783）

命を引き起こしたのだ。

アルゴリズムの追究から構造の探究へ

方程式の歴史に沿って、ガロアの言う「計算の上を飛ぶ」とはどういうことなのか、もう少し説明していこう。

ガロア以前、方程式の研究は、与えられた方程式を解く、つまりこたえに至るアルゴリズムを見つけ出すのがその目的だった。

ガロア（1811〜1832）

しかし、そのようなアルゴリズムを求めるという方法論は限界に達した、とガロアは見抜いた。そこでガロアは、方程式が与えられたときに、それによって計算が可能な限界を見極めようとした。限界を見極めることができれば、その先を見通すこともできる。

宮本武蔵は剣術の極意を「太刀先《たちさき》の見切り」と表現した。自分と相手の太刀先、つまりその届く限界を正確に見切ることが重要だというのだ。

黒澤明監督の映画『用心棒』のラスト近くで、桑畑三十郎は縛られた権爺《ごんじい》の前で剣を大上段に振りかぶる。そばにいた男は三十郎が権爺を斬るのではないかと思い仰天する。次の瞬間、三十郎の剣が一閃し、権爺を縛っていた縄がはらりと落ちる。もちろん権爺はピンピンしている。三十郎が自分の太刀先を正確に見切っていたためにできた芸当だ。

マーティン・キャンベル監督の映画『マスク・オブ・ゾロ』の半ば近く、4歳から剣を習っていたというエレナがゾロに挑戦する。ゾロはエレナを適当にあしらってから、サッサッと剣を振るう。するとエレナの衣がはらりと落ちてしまう。美女の柔肌に傷ひとつつけることなく、身につけた薄衣だけを斬ったのだ。

ガロアは実際に計算することなく、その計算がなしうることを正確に見切る術を編み出した。ガロア自身はこの術を「計算の上を飛ぶ」と表現したのだ。


ガロアの「計算の上を飛ぶ」術は、数学の方向性を完全に変えてしまった。アルゴリズムを求めるのではなく、計算の限界を見切り、その計算を含む全体の構造を調べる、ということが、新しい数学の課題となったのである。

ガロア以後、多くの数学者がこの「計算の上を飛ぶ」術を研究し、そこで見出される構造が、方程式論だけでなく、さまざまな分野に存在することが明らかになっていった。その範囲は数学を超え、他の科学にまでも影響を及ぼすようになった。

現代数学はガロア理論を抜きに語ることはできない。現代数学の華ともいうべき「圏論《けんろん》」は、ガロアの数学を嚆矢《こうし》としている。物理学を学んでいても、各所でガロアの名前を目にする。量子力学でのクォークの動きは、ガロア群によって表現されている。その他の科学でも、あれ、こんなところに、と思う場所でガロアの名を発見することがある。

驚くべきことに、この「計算の上を飛ぶ」術は、ガロアが17歳のときに発表した論文に書かれてあったという。残念ながらその論文は散逸してしまい、現存していないが、ガロアがのちに書き直したものが残っているので、その内容を知ることができる。そして20歳のガロアは、この術が方程式論を超え、幅広い範囲で応用可能なことを見通していたらしいのだ。

ガロアの夢を受け継いだグロタンディーク

ここでちょっと、計算能力は数学を楽しむ上で必須ではない、という点に触れておきたい。先に、オイラーやガウスといった計算の天才について述べたが、数学の天才の中には、計算が得意でない人もいたのだ。

たとえばガロアも、後述する論文『数論について』の中で、実例を挙げて説明する部分で、わたしでも気がつくようないくつものつまらない計算ミスをしている。

オイラーやガウスと違って、ガロアは計算が苦手だったのかもしれない。このため、ガロアファンからは石を投げつけられるかもしれない奇説も存在する。

曰く、「オイラーやガウスは計算が得意だったので、計算の上を飛ぶ必要はなかった。しかしガロアは計算が苦手だったので、何とか計算を避けようと、ガロアの理論を編み出したのだ」

京都大学の助教授だった小針晛宏《こはりあきひろ》は学生時代、数学科の仲間と一緒に学校の近くの飯屋によく通っていた。ところがその飯屋のおばさんは、かれらが数学科の学生だと言っても信じてくれなかったという。食事が終わったあと、しょっちゅう料金の計算を間違えていたかららしい。

現代の整数論の要とも言うべき「イデアル」のもとになるアイディア、「理想数」を導入したことで名高いクンマーは、あるとき講義の途中、7×9がわからなくなって立ち往生してしまったという。学生の一人がふざけて67だと言ったら、それは素数だから違う、とこたえた。別の学生が65だと言うと、それは5の倍数だから違う、と却下し、おそらく7×9は63だ、とのたまったそうだ。

グロタンディーク
(1928〜2014)

グロタンディークという破格の天才がいた。

あるとき、グロタンディークの講義の内容があまりにも抽象的であったためわけがわからなくなってしまった学生の一人が、お願いだから何か一つでも具体例を出してください、と泣訴した。それに対してグロタンディークは、「仕方ないな。それでは素数 p を57としよう」と言って、講義を続けたという。

言うまでもなく、57は3で割り切れる。つまり素数ではない。

このエピソードについて、グロタンディークの思考が最初から抽象的なものであり、具体的な考察など存在しなかった証拠だ、と評した数学者もいる。

「素数大富豪」という楽しいトランプゲームがある。ルールは基本的に普通の「大富豪」と同じだが、カードを組み合わせて素数をつくり、それを場に出す、という点が異なる。そして、このゲームには例外のルールがあり、手に5と7を持っていればそれを並べて57として場に出すことができる。57は素数ではないが、グロタンディーク大先生が素数だとおっしゃるなら素数に決まっておる、という冗談から生まれたルールだ。これを「グロタンカット」と称するらしい。

大学時代、「数値計算のバカげたミス」で、1年間留年せざるを得なくなる。グロタンディーク自身、計算が得意だったことは一度もない、と述べている。

グロタンディークの父親はウクライナ出身のアナキストだった。ロシア革命後の混乱の中、ウクライナの農民のために立ち上がり、赤軍と白軍を相手に熾烈な戦いを展開し、アナキスト将軍と呼ばれたネストル・マフノとともに戦い、敗れ、ドイツに逃亡するが、そこでアナキズム雑誌に投稿していたジャーナリストの女性と出会い、お互い一目惚れする。ふたりは当時のアナキストらしく、結婚をせずにお互いを拘束しない自由恋愛で結ばれ、グロタンディークを授かる。その後、グロタンディークの父親はスペイン内戦にも参戦し、ナチ占領下のアウシュビッツで最期を迎える。

ドイツで育ったグロタンディークは、ユダヤ系であったのでナチスの弾圧を避けるためフランスに渡るが、フランスがナチに占領されると、母親と一緒に強制収容所に収容されてしまう。

終戦後、数学の才能が開花し、1966年には数学界のノーベル賞と言われているフィールズ賞を受賞する。

グロタンディークは父親を尊敬し、その部屋には父親の写真が飾られていたという。若いころから反戦運動、環境運動に熱心に参加していたグロタンディークは、勤めていたフランス高等科学研究所が軍の資金援助を得ていたことを知って激怒し、そこを飛び出してしまう。そして反戦・平和を追求するとともに地球環境の問題にも積極的に関与する国際的な「生き残り運動」を起ち上げるがうまくいかず、結局、ピレネー山脈のふもとに隠棲《いんせい》してしまった。その後の人生は、隠遁《いんとん》した天才数学者という伝説の闇の中に包まれている。

おもしろいことに、「キムチについて」なるエッセイも残していて、つくり方を学んで以来、キムチはわたしの食事の日々の要素となった、と記している。隠棲生活の中で、毎日のようにキムチを食べていたらしい。

20世紀最大の数学者といわれているグロタンディークの業績の一つが、「ガロア圏」の構成だ。この理論は「グロタンディークのガロア理論」とも呼ばれている。
グロタンディークはガロアについて次のように述べている。

ガロアの例―呼び寄せることなくここに浮かんだのですが―は、私の中の心の琴線に触れます。私がまだリセ（高等中学校）の生徒あるいは学生だったころ（と思いますが）、はじめてガロアと彼の不思議な運命について聞いたとき、彼に対して友情にみちた共感の感情がわいたのを思い出します。彼と同じく、私の中に数学に対する情熱があるのを感じていました―また彼と同じように、私は、彼を拒否した（と私には思えた）「上流社会」の中で周辺にいる者、外部の者と自分を感じていました。
（『数学者の孤独な冒険』アレクサンドル・グロタンディーク著、辻雄一訳、現代数学社）

そして1981年、大著『ガロアの理論を貫く長い歩み』を完成させる。この論文について、グロタンディークは「まちがいなくガロアの精神の枠内にあるもの」だと自覚するようになったと記している。

わけのわからない世界を少しは理解できる世界に引きつける

ガロアの「計算の上を飛ぶ」術と、その後の発展について、もう少し説明を加えよう。

方程式の根《こん》を含む数の世界、これはわたしたちが普通に接している数の世界だが、そこに存在する数も計算式も、無限であり、求めることが高度になれば計算も複雑化し、わけがわからなくなっていく。

ここでガロアが注目したのが、方程式の根を置き換える、「群《ぐん》」の世界だ。ガロアが研究した「群の世界」は「数の世界」と違い有限なので、必要とあれば、そのすべてを調べ上げることもできる。「数の世界」よりも、ずっと理解しやすいのだ。

ガロアは、「数の世界」と「群の世界」を結ぶ対応を見つけ出した。この対応は、構造を保存する。つまり、「群の世界」の構造を調べることによって、「数の世界」の構造を確かめることができるのだ。

「数の世界」の泥沼を這いずり回るのではなく、そこから「群の世界」に飛び出せば、「数の世界」の全貌を俯瞰《ふかん》することができるのである。

この「数の世界」と「群の世界」の対応を、「写像《しゃぞう》」というかたちで、より抽象化し、より精緻なものに仕上げたのがデデキントだった。そのためデデキントは、ガロア理論を完成した男として歴史に名を残すことになる。

しかし、数学の発展がそこで終わるわけではない。構造を調べる最新の数学は、「圏論」へと発展していく。この圏論の構築に大きな貢献をしたのがグロタンディークだ。

圏論の議論は高度に抽象化されている。まず、「圏」の対象は何でもいい。わけのわからない圏Aを、少しは理解できる圏Bに結びつける。デデキントは結びつける道具を写像と表現したが、圏論では「関手《かんしゅ》」(functor)という不思議な単語を使う。

わけのわからない世界を、少しは理解できる世界に引きつけて解釈していく、というのは、人類がその発祥以来続けてきた方法だ。圏論はそれを抽象化し、精密にしたものだと言えよう。そしてそのアイディアは、ガロアにはじまるのである。

恋をした経験のある人なら誰しも、思いを寄せる相手が自分のことをどう思っているのか確信が持てず、あれこれ思い悩んだことがあるはずだ。花弁を抜きながら「好き」「嫌い」を繰り返す花占いにでも頼りたくなる心情だ。そこで多くの場合、恋する人は思いを寄せる相手の心をなんとか理解しようと、相手の心を自分の心に引きつけて考えようと試みる。自分の心の中に相手の「像」をつくるのだ。この像は現実の相手と違って、実験も可能であり、さまざまな検証を試みることもできる。こんなことを言えばどう反応するだろうか、これをプレゼントすれば喜ぶだろうか、などと想像しながら一人にやにやした経験は、恋をしたことのある人ならみなあるはずだ。

デデキントの写像、グロタンディークの関手は数学的に厳密に構成されており、その対応関係や限界を100%理解できる。しかし多くの場合、現実の相手と心の中の像との対応、あるいは写像、それとも関手はあまり精密ではなく、その結果、恋に悩むおびただしい人々は泣きを見ることになる。

そこで、恋する世の老若男女にひとつ提案したいことがある。

思いを寄せる相手の心をつかむためにガロアの理論を学ぼうではないか。

グロタンディークも、数学と愛との関係について次のように述べている。

…ここで数学上の仕事について語ります。これは私が直接に、よく知っている仕事です。私がこれについて語る事柄の大多数は、もちろんすべての創造的な仕事、すべての発見の仕事に対しても通ずるでしょう。少なくともいわゆる「知的な」仕事、とくに「頭を使って」、書きながらなされる仕事について言えるでしょう。このような仕事は、私たちが探りを入れつつある事柄の理解の開花と成熟という点で際立っています。しかし、ちょうど対極にある例をとりますと、愛の情熱もまた発見の衝動です。これは私たちをいわゆる「官能的な」知へと開いてくれますが、この知もまた新しくなり、開花し、深められてゆきます。この二つの衝動――例えば、数学者を研究へと突き動かす衝動と、恋をする女や男が抱く衝動と――は、一般に考えられているよりも、あるいはみずから認めるよりも、ずっと近いものです。

（前掲書）

数学は嫌いだけどガロアには興味があるという人へ

　これまでガロアの数学に関する本を3冊出版してきた。

『13歳の娘に語るガロアの数学』（岩波書店）は、方程式論について歴史に沿って解明していくという趣旨で執筆し、それなりに成功したと思っている。中学生になったばかりの娘にガロアの数学を解説しよう、という無謀な試みからはじまった本だが、なんとか娘も最後までついてきてくれた。真っ白なノートのような娘を相手にガロアの数学を解説するというのはわたしにとっても貴重な経験だった。

『方程式のガロア群』（講談社ブルーバックス）は、方程式のガロア群を実際に計算してみよう、と考えて書き進めた。ガロアの理論が難しいと感じられるのは、話が極度に抽象的だからでもある。そこで、実際に計算をし、ガロア群を手にとって体験するようにすれば理解しやすいのではないか、と思ったわけだ。自画自賛ながらこの方法はかなりうまくいき、ガロアの数学をもっとも平明に解説する本になったと自負している。

『ガロアの論文を読んでみた』（岩波書店）は、17歳のガロアが書いたいわゆる『第一論文』（実際はのちにガロアが書き直した論文）を直接読もうという趣向で、できるだけわかりやすく解説しようと努力したが、最後までついてくることができた読者はそれほど多くはなかったのではないか、と反省している。しかしガロアファンなら、理解できるかどうかはともかく、17歳のガロアが書いた論文を直接手にとることに挑戦するのもいいのではないかと思う。そしてそのときは、この本が良き伴侶になるはずだ。

しかし、これらの本には大量の数式が登場する。とくに『方程式のガロア群』では、1の累乗根を実際に求めることに多くのページを費やしたが、高校数学のレベルではかなりしんどい計算が続くことになってしまった。これでは、数学が得意でないという人はパラパラと見ただけで放り出してしまうに違いない。

そこで、できるだけ数式を登場させない、というのを基本方針にして、数学は嫌いだがガロアには興味はある、という人でもガロアの唱えた「計算の上を飛ぶ」術がどんなものであったのか理解できるような本を書くことはできないか、と思うようになった。自分が文系であると思っている読者にも抵抗なく読めるように、縦書きに挑戦するのもよさそうだ。

ガロアの業績はよく「群の発見」、とくに「正規部分群の発見」であると言われている。だからガロアの数学を「群」抜きで語ることはできない。

群の計算は非常に単純だ。数十年前、数学教育の現代化というスローガンのもと、小学校の算数に集合だとか群だとかが取り上げられたことがあった。実際、小学生などに群の計算などを説明すると、おもしろがって嬉々《きき》として計算に励んでくれる。小学生でも十分に理解できるのだ。しかし大人になると、変に知恵がついてしまい、面倒くさがったり、記号を見ただけで拒否反応を示したりする。ここは童心に帰って、群の計算を楽しんでもらえれば、と願っている。

これには現代数学の側にも罪がある。現代数学では、群を極端に抽象的に扱うため、普通の人は何をやっているのかわけがわからなくなり、頭を抱えてしまうのだ。

そこで群についても、本書ではできるだけ具体例について語り、計算で確かめたいと思う方のためには、「図式」という別枠に計算を掲載する形式にしようと思う。

「証明」で納得できるか

もう一つ、「証明」も省略しようと考えている。

証明なしで数学を語る、などと言うと、プロの数学者は腰を抜かすかもしれない。証明は現代数学を支える基盤だからだ。

数学は科学ではない。

自然科学であれ、社会科学であれ、およそ科学と名乗る分野は、現実を探究する営みだ。理論が正しいかどうかは、現実が担保する。どれほどすばらしい理論であっても、現実に合致しなければ廃棄しなければならない。理論は現実を解釈するために存在する。そのため、理論の正しさを検証するもっとも確かな方法は、実験だ。生物の進化や人類の歴史など、物理学での実験のような方法で理論の正しさを検証することができない分野では、おびただしい事実の積み重ねによって理論を支えていく。

しかし、数学の正しさを支えるのは、現実ではない。

オイラーやガウスが活躍していた時代は、数は実在するものだと考えられていた。オイラーなどは、1や2などの数だけでなく、虚数iのような数でさえ、手にとって感じることができると考えていたと思う。

しかし現代の数学は、あくまで人間の脳が創造したものであると考える。

「美しい花は存在する、しかし花の美しさは存在しない」というようなことを述べた文芸評論家がいたが、同じように2つのリンゴは存在するけれども、2という数が実在するわけではない、と現代の数学者は考えている。数学は現実ではなく、論理によって組み立てられた世界だ、という立場だ。

となると、そこで理論の正しさを担保するのは、実験ではなく論理だということになる。科学者は100回実験をしてその結果が理論に合致すれば、その理論は正しいと考えるが、数学者は100の100乗回実験をしてその結果が理論に合致しても、満足しない。あくまで証明にこだわるのだ。

そして、一度正しいことが証明されれば、火が降ろうが矢が降ろうが、その正しさは揺るがないと確信する。素数が無限に存在することをユークリッドが証明したのは2000年以上前のことだが、どのような独裁者であっても暴君であっても、さらには宇宙人がやってきたところで、その正しさを揺るがすことはできない、と数学者は考えている。

証明はそれほど強力な方法なのだが、ひとつ問題がある。例として、中学校の教科書に載っている$\sqrt{2}$が無理数であることの証明について考えてみよう（図式0－1）。

証明にとくに難しい部分はないので、言っていることは容易に理解できると思う。

まず、証明したいことの否定を仮定する。$\sqrt{2}$が無理数であることを証明したいので、まずそれを否定する。つまり$\sqrt{2}$を有理数であると仮定するのである。有理数とは、分母、分子が整数である分数なので、必ず既約分数であらわすことができる。そこで$\sqrt{2}$を既約分数であると仮定する。しかし、簡単な計算によって、分母も分子も2で割り切れる数、偶数であることが判明する。これは既約分数であるという仮定に反するので矛盾だ。したがって$\sqrt{2}$は無理数である、という流れだ。つまり、否定の否定は肯定だというわけである。

証明を理解するのは容易だが、問題は、この証明を理解したら納得がいくか、という点だ。少なくとも中学生だったわたしは、納得できなかった。何か誤魔化されたような気になってしまったのである。

図式
0-1

$\sqrt{2}$が無理数であることの証明

まず、$\sqrt{2}$が有理数であると仮定する。すると、$\sqrt{2}$はある既約分数であらわすことができる。

いま、aとbを共通因数のない整数とし（a、$b \neq 0$）、

$$\sqrt{2} = \frac{b}{a}$$

とする。

両辺を2乗して整理する。

$$2 = \frac{b^2}{a^2}$$

$$2a^2 = b^2$$

すると、bは明らかに2を因数として持っているので、

$$b = 2b'$$

とし、これを代入して整理する。

$$2a^2 = (2b')^2$$

$$2a^2 = 4b'^2$$

$$a^2 = 2b'^2$$

この式から、aも2を因数として持っていることがわかる。

aもbも2を共通因数として持つことになるので、これは仮定に反し、矛盾である。したがって仮定は否定される。

ゆえに、$\sqrt{2}$は無理数である。

整数は無限に存在する。

想像を絶する巨大な整数を持ってくれば、$\sqrt{2}$をあらわすb/aも存在するのではないか、という思いを否定することはできなかった。

まず、背理法というのがよくない。

背理法というのは数学の証明の常套手段《じょうとう》だ。証明したいことの否定を仮定し、そこから矛盾を導き、仮定は否定された、とやる手法である。つまり「どうして?」という疑問に直接こたえるのではなく、裏に回ってなんとか誤魔化すという手法なのだ。これでは人を納得させることなどできるはずもない。

そもそもこのような証明の方法は、古代ギリシャのソフィスト（詭弁《きべん》家）たちの論争の中で発展してきたといわれている。つまり相手を納得させる方法ではなく、相手を言い負かす方法なのだ。「どうだ、ぐうの音も出まい。まいったか」というわけである。

言い争いで論破されたところで、普通、それで納得したりはしない。反論することはできなくても、それは違う、と思ってしまう。

数学の証明にもそれに似たところがある。一般に、人を納得させるのは理屈ではない。情に訴える何かが必要なのだ。

わたし自身、これまで数学を学んでいく過程で、苦労して証明を理解して一件落着、となったことはほとんどない。その証明の周辺をうろうろしたり、あれこれいじりまわしているうちに、いつの間にか納得できるようになっていた、というのが現実だ。

そこで本書では、常識的に納得できる範囲で、実例を挙げたり、その周囲をうろつきまわったりすることで、証明に代えていきたいと思う。

実は数学者の中にも、背理法を疑問視する人がいたらしい。とくに無限に関係する問題について、存在しないことを仮定して矛盾に導き、したがってそれは存在する、というような証明が成立するのか、とかみついたのである。かれらは、存在を証明するためには、否定の否定によって証明するというのでは不十分であり、それを見つけたり構成したりしなければならない、と主張した。「ブラウワーの不動点定理」で有名なオランダの数学者ライツェン・ブラウワーが主張した直観主義論理がそれだ。

ただ、このような直観主義論理による数学では、できることが限られてしまい、結局はうまくいかなかった、と聞いている。

先にちょっと紹介した小針晛宏はこんなことを書いている。

万世に不変、万人に共通の何ものかを、もっとも純粋な形で求めている（ことになっている）はずの数学者が、二重否定が何故肯定になってしまうのか（中略）を数学的に説明出来ずに、理解のもっとも根源的な所で、まるで禅問答のように「ワカレ！」「ワカッタ！」という原始的なコミュニケイションしか存在しない、ということ自体、絶望的なことではないだろうか。

（『数学の七つの迷信』小針晛宏著、東京図書）

ところで、ここが数学のおもしろいところなのだが、わけのわからない問題を頭の中で飼っておき、しばらくほうっておくと、いつのまにかそれが熟成して、あるときぱっと霧が晴れるようにわかってしまう瞬間が訪れることがある。

そしてわかってしまうと、すべてがあたりまえすぎるほどあたりまえに思えてしまい、どうしてこんな簡単なことに悩んだのか理解できない、と思うようになるのだ。そして、自分があたりまえと思っていることを、そうでない人に説明することが絶望的に難しいことに気づかされることになる。

多くの人がこういう経験をしたことと思う。自分は昔から数学が苦手で、そんな幸福な瞬間が訪れたことはなかった、と思っている人も、たとえば整数や小数、分数の掛け算や割り算はあたりまえのこととして、こなしているはずだ。ならば試しにその原理を幼児に教えてみればいい。自分があたりまえと思っていることをそうでない人に教えるのがいかに困難か、が理解できるはずだ。そして、自分がいまあたりまえだと思っていることがあたりまえに思えるようになった幸福な瞬間を忘れてしまっただけだということにも気づくだろう。

一度理解してしまえば、すべてが当然に思えるようになる。数学とはそういう学問だ。だから次のような奇説も存在する。

——実は数学というのは非常に簡単なのだ。しかしそのことがバレてしまうとオマンマの食い上げになってしまうので、数学者たちはそれを隠すために必死になって証明やらなにやらわけのわからないものを引っ張り出してきて数学を飾り立て、難しそうに見せているのである——

少なくとも用語の上では、日本の数学者はこのような誹《そし》りを免れえないのではないか、と思う。

たとえば関数を英語ではfunctionと表現する。「はたらき」というような意味で一般的に使われている単語だ。腎臓のはたらきがどうのこうのというとき、「腎臓のfunction」のように使われるが、日本語で「腎臓の関数」と書けば何を言っているのか理解できない。

置き換えも数学用語では置換となる。わざわざチカンというかなりいかがわしい音を使うこともないのに、と思わないではいられない。

体《たい》と群の中間にある概念に環《かん》というものがある。交換法則が成り立つ環を可換環といい、成り立たないものを非可換環という。数学科の学生が喫茶店で「カカンカン」だの「ヒカカンカン」などと口角泡を飛ばして議論していて、そばにいたウエイトレスの目が点になったという笑い話がある。非可換環の英語表現はnoncommutative ringで、直訳すれば「取り替えがきかない輪」となる。非可換環を「とりかえがきかない『わ』」と表記すれば、数学の雰囲気もかなりよくなるのではないか。

わたしのガロア体験

いつの間にか見通しがよくなり、霧が晴れたように周囲の状況がはっきりと理解できるようになる。わたしも幾度か、そのような経験をしている。いまでもよく覚えているのは、対数を学んだときのことだ。log というわけのわからない記号を使う計算だ。計算の規則を覚え、テストではそれなりの点数を取ることができたけれども、正直何をやっているのかわからなかった。

ところがある瞬間、すべてが明らかになったのだ。いまでは log とも仲良くつきあっている。

一度その幸福の瞬間を経験すると、それを忘れることができずに、さらに数学にのめり込んでしまう人もいる。いわば数学病患者である。イアン・スチュアートがバタフライ効果を発見したエドワード・ローレンツを紹介するくだりで、おもしろいことを書いている。

ローレンツははじめは数学者になろうと思っていた。しかし、第二次世界大戦のためにそれは叶えられなかったので、そのかわりに彼は気象学者になった。あるいは、彼はそう思っていた。しかし、実際には彼はまだ心の中は数学者であった。（数学とは一種の中毒か病気のようなものであって、たとえ振り払おうとしても、けっして完全には払えないものである。）

（『カオス的世界像』イアン・スチュアート著、須田不二夫・三村和男訳、白揚社）

これはわたしの想像だが、すべての霧が晴れたと思えたあの幸福の瞬間、脳の中ではドーパミンなどの幸福ホルモンがどばどばと流れ出て、中枢神経を麻痺させてしまうのだ。そのため哀れ、一度その快感を経験した数学病患者は、その快感を求めて数学の荒れ野をさまようことになってしまうのである。

ガロアについても、いろいろな思い出がある。

19歳の秋、友人に勧められてレオポルト・インフェルトの『ガロアの生涯――神々の愛でし人』（市井三郎訳、日本評論社）を読んだのがはじまりだ。それまではガロアの名前すら聞いたことがなかったのだが、ほぼ同世代だったガロアが見出したという理論がどのようなものか知りたくなり、図書館などを渉猟《しょうりょう》した。

しかし当時、一般向けの解説書などは存在しなかった。『群論入門』なる本を手にとってみたが、ほとんど理解できなかった。守屋美賀雄が翻訳・解説した『アーベル、ガロア　群と代数方程式』（現代数学の系譜11、共立出版）という本も購入したが、一行も理解できなかった。ガロアの『第一論文』の翻訳と解説が掲載されているのだが、『第一論文』は難解で、解説のほうはそれこそ、宇宙人の言語で記されているのではないか、と思うほどだった。

ちょうどそのころ『数Ⅲ方式ガロアの理論――アイデアの変遷を追って』（矢ヶ部巌著、現代数学社）という本を本屋で発見し、さっそく購入した。お調子者の「佐々木」と秀才の「小川」を相手に、佐々木の叔父がガロアの理論を講義するという趣向で、会話形式という読者に読みやすい形になっている。さらに、高校で学ぶ以上の知識については懇切丁寧な説明が付されている。しかし、内容がやさしいというわけではない。数学的な厳密さを損なわないように配慮されており、そのため逆にわたしのような初学者は、些末な部分に捕まって先に進めなくなってしまった。一応、最後まで読み通したが、理解できたのは4次方程式の解法の部分ぐらいまでで、肝心なところはまったくわからなかった。

そして長い時間が流れた。その間もガロアを忘れたわけではなく、本屋などでガロアと書かれた本を見かければ必ず手にとっていたが、ガロアの数学の理解という意味ではまったく何の進展もなかった。

三十の坂を越えてから、わたしは韓国のソウルに居を移した。とくに具体的な理由があったわけではなく、韓国語をもっと流暢《りゅうちょう》に話せるようになりたい、というような曖昧《あいまい》な目的があっただけだ。いまでは本を探すのもネットが中心になってしまったが、当時は本屋をうろつきまわるというのが習慣だった。おそらく当時ソウル最大の書店であった教保《キョボ》文庫を徘徊《はいかい》していたとき、たまたま『現代代数学　第3版』(金応泰、朴勝安共著、図書出版京文社)という題名の分厚い本を手にとった。目次を見ると、群論、環論、ベクトル空間と加群、体論と続き、体論の中でガロア群を扱っている。韓国語の勉強の役にも立つかもしれない、と思い、軽い気持ちで購入した。

わたしの母語は日本語だ。いまだに韓国語を読む時間は、日本語の数倍かかる。当時はもっとひどい状態で、それこそ辞書を引きながら一行一行、読み進めていかなければならなかったのだが、それが逆にうまく作用したのか、それまでのようにまったく理解できないというわけではなかった。

客観的に見ると、当時はわたしの人生で最悪の時期であったと言えるかもしれない。最初の長編小説を出版したけれどもまったく売れず、定期収入はなく、いったいどうやって生きていたのか不思議に思うほどだ。当時、生活苦にあえぐ韓国の若い世代の間で「自暴自棄的過消費」なる言葉がはやっていたが、宵越しの金は持たないとばかり、なけなしの現金をはたいて妻とどんちゃん騒ぎをしたりしていた。それでも、いまになって考えると、人生で一番楽しい時期だったのではないか、と思えてくる。娘が生まれたのもその頃だ。わたしの頭も活性化していたのかもしれない。ガロアの数学を覆っていた闇が、いつの間にか晴れていたのだ。そして例のごとく、それまでどうして理解できずに苦労していたのか、わからなくなっていた。

この『現代代数学』に前後して、『ガロアを読む——第I論文研究』(倉田令二朗著、日本評論社)を購入した。ガロアの『第一論文』を解説したかなり難解な本なのだが、『現代代数学』のおかげか、不思議なことにわりとすらすら読むことができた。そして倉田令二朗の独特な文章が気に入り、他の著書を購入して読んでいった。またその数年後、高瀬正仁の労作『オイラーの無限解析』(レオンハルト・オイラー著、高瀬正仁訳、海鳴社)と『ガウス整数論』(前掲書)を読んだこともわたしのガロア理解をさらに深めることになった。とくに『ガウス整数論』の第7章はガロア群の雛型《ひながた》を見るように感じられた。ガロア自身もその『第一論文』で『ガウス整数論』のこの部分について言及している。『ガロワ正伝——革命家にして数学者』(佐々木力著、ちくま学芸文庫)は、ガロアは高等中学校時代にこの2冊のフランス語訳にも「親しむようになったと見なされる」と記している。ガロアもこれを熟読したのだと思うと、感慨深いものがあった。

わたしのガロア遍歴はこれで終わる。このあとは歴史小説に力を注いだ。また科学の分野では、前から興味を持っていた生物の進化や複雑系について考えるようになった。

わたしのガロア理解はかなり偏っている。デデキントがはじめた、体の自己同型群としてのガロア群と、それ以後の発展についてはほとんど知らない。少年ガロアが発見した原理の周囲をうろつきまわっている状態であり、ガウスの尻尾を抱えていたりしている。

たとえば『天才ガロアの発想力――対称性と群が明かす方程式の秘密』（小島寛之著、技術評論社）は、ハッセ図が出てきたりと実にかっこいい。その解説も現代のガロア理論を見据えていて、エレガントで垢抜《あかぬ》けしている。さすがは東大数学科卒業だと思ってしまう。

それに反してわたしの説明はどこかドンくさい。ある意味、18世紀、19世紀の数学そのままなので、それも仕方がないのだ。しかし、たとえば現代の高校数学はオイラーの段階で止まっており、コーシーの成果が出てくるのは大学へ行ってからだというような点を考慮すれば、一般の読者にはドンくさいわたしの説明も有用なのではないか、と思う。

ガロアの生涯

エヴァリスト・ガロアは1811年10月25日、パリ近郊のブール・ラ・レーヌで生を享《う》けた。父親は公立学校の校長を務めており、のちに町長になる。高潔で温厚な人柄で、人々から慕われていた。現在、ブール・ラ・レーヌには「ガロア通り」「ガロア広場」など、ガロアの名を冠した地名が存在するが、エヴァリストを称えてのものなのか、父親にちなんだものなのかは、いまとなってははっきりしないという。

ガロアは幼年時代、母親の教育を受けた。ガロアの母親はラテン語から古典文学にまで通じた教養あふれる女性で、幼年時代のガロアは申し分のない教育を受けることができた。しかしその教育の中に、数学は含まれていなかった。

そして11歳になったガロアは、パリの名門高等中学校の第4学級に入学し、寄宿生活をはじめる。しかし、当時の高等中学校では数学は必修でなかったので、ここでもガロアは数学に接することはなかった。

最初は優等生であったガロアは、どういうわけか第2学級で成績不振に陥り、落第してしまう。ところが、人間万事塞翁が馬、2度目の第2学級でガロアは、数学と運命的な出会いを果たす。どのようにして数学に触れるようになったのかはわからない。2度目の第2学級で、同じことを繰り返すのに飽きて、新しい数学という分野に飛び込んだのかもしれない。伝説によれば、普通は読み通すのに2年はかかるというルジャンドルの『幾何学原論』を、たった2日で読んでしまったという。

それ以後、ガロアは数学に夢中になる。

当時の数学の教師とは折り合いが悪かったので、ガロアはひとりで数学の研究を続けた。数学以外の科目には目もくれない。当然、数学以外の成績は下降の一途をたどることになった。

そして、次に進学した特別数学クラスで、ガロアはリシャール先生と出会う。リシャールは平凡な数学教師ではなかった。当時最新の数学にも通じ、教師としても超一流だった。教え子にセレやエルミートがいる。セレはフレネ＝セレの公式で知られており、エルミートの名はエルミート内積、エルミート行列、エルミート演算子、エルミート多項式などに残されている。ガロアとの関連で言うと、エルミートは楕円関数を用いて一般の5次方程式の根の公式を導き、さらに、ネイピア数 e が超越数であることを証明している。ガロアとは異なり、セレもエルミートも大学受験に成功し、その後、ソルボンヌ大学の教授などをつとめている。

ガロアはリシャールのもとで、ぐんぐんと数学の実力を高めていった。すぐに、リシャールが教えるのではなく、ガロアが教えるようになったとも伝えられている。ガロアとの授業は共同研究のようなものとなっていったらしい。

当時、数学の専門雑誌に5つのガロアの論文が掲載された。リシャールの口添えがあったおかげだ。高等中学校（リセ）の生徒がこのような雑誌に投稿するなどということは、当時としても異例中の異例だった。ガロアの論文の前後には、ポアソンやコーシーなどといった大物の論文が掲載されているのだ。

そのうちの一つ、1830年6月、18歳のガロアが発表した論文『数論について』は、有限体を扱ったものだった。普通、体《たい》は無限個の要素を持っている。しかし、ガロアが扱ったのは、有限個の要素を持つ体だった。この有限体を、現代ではその発見者を讃《たた》えて「ガロア体」と呼んでいる。情報工学などでは、ガロア体は必須のツールとなっている。

たとえば、5を基準とする有限体の場合、その要素は0、1、2、3、4の5つしかない。ガロア体といったところで、要素がわずか5つにすぎない体なら簡単だ、と思うかもしれないが、話はそう単純ではない。ガロアはその体で、「ガロア虚数」などというわけのわからないものを担ぎ出し、摩訶《まか》不思議な計算をはじめるのだ。

これはこれでなかなか面白い問題なので、これについての本を執筆しようかと思ったこともある。しかし、整数を使ったガロア体の部分は楽しく解説することができるのだが、ガロア虚数が登場するあたりから、「おまえひとりで楽しんでいるんじゃねえよ」という読者の声が聞こえてきそうで、書き続けることはできなかった。

ガロアが『第一論文』と呼ばれている『累乗根で方程式が解けることの条件について』をはじめてフランス・アカデミーのコーシーに提出したのは、1829年の5月、あるいは6月だった。ガロアといえば何と言っても、この『第一論文』が有名なので、「ガロア体」の業績はその陰に隠れてしまっているが、もしガロアが『第一論文』を書かなかったとしても、ガロアの名前はガロア体として数学史に永遠に記されていたのである。

しかし、14歳ではじめて数学に接し、そのわずか3年後の17歳のガキンチョがガロア体を発見し、数学に革命をもたらす『第一論文』を書いたというのだから、ガロアがとんでもない天才であったことは間違いない。

通説によれば、ガロアから『第一論文』を預かったコーシーはこれを無視したと言われているが、加藤文元の『ガロア』（中公新書）は、逆にコーシーは、ガロアを激励したのではないか、という説を主張している。加藤によれば、コーシーはガロアの同時代の数学者の中で、ガロアを理解した唯一の人物だった。

順風満帆に見えたガロアの数学人生も、このころから暗雲に包まれるようになる。

まず、自信満々で臨んだ理工科学校への受験に失敗してしまう。面接試験で、試験官のあまりにも初歩的な質問に腹を立てたガロアが黒板消しを投げつけたからだ、という伝説も残っている。

ナポレオンの没落後、ルイ18世による王政復古が行われていたが、共和主義者であるガロアの父親にとっては、逆風の時代だった。そしてガロアの父親を除去しようとした王党派の陰謀により、ガロアの父親は自殺に追い込まれてしまう。

そのショックも消えないまま、ガロアは理工科学校を再度受験し、失敗する。そしてガロアは、不本意ながら高等師範学校に入学する。この高等師範学校の1年上に、ギヨーム・オーギュスト・シュヴァリエという学生がいた。ガロアはこのシュヴァリエと無二の親友となる。ガロアが死の前日に「数学的遺書」を託したのはこのシュヴァリエだった。そしてシュヴァリエは、ガロアの遺志に従って、その数学的遺書の公開に全力を尽くすことになる。ガロアの業績が散逸することなく現代まで残されたのはシュヴァリエのおかげだと言っても過言ではない。

高等師範学校に入学した直後の1830年2月、ガロアはフランス・アカデミーの数学論文大賞に応募するため『第一論文』を書き改めて提出する。しかしその論文を預かったフーリエが急死したため、論文は行方不明となり、6月末、アカデミーは数学論文大賞を故アーベルとヤコビに授与すると発表した。ガロアの論文はきちんと読まれたかどうかすらあやしいのである。ガロアはこのことに大きな衝撃を受けた。

そして1830年7月27日、七月革命が勃発する。「栄光の3日間」と呼ばれたこのときの蜂起は、ドラクロアの『民衆を導く自由の女神』に描かれている。

激動の3日間、日和見的な行動に終始した高等師範学校の校長に対して、ガロアは公開の文書で罵詈雑言《ばりぞうごん》を投げつけ、その結果、同校から追い出されてしまう。

さらに、ガロアの唯一の理解者であったかもしれないコーシーは、七月革命の混乱の中、海外に亡命してしまう。ガロアにとって不幸なことに、コーシーが帰国したのはガロアの死後だった。コーシーに預けた論文も行方不明となってしまう。

『民衆を導く自由の女神』（ドラクロア）

学校を放り出されたガロアは、「人民の友の会」という過激な共和主義者の秘密結社に加入する。この秘密結社には、共和主義者として名高いラスパイユや、暴力革命論をとなえマルクスからは「革命的共産主義者」と讃えられ、のちのバクーニンやレーニンにも影響を与えたブランキなども加盟していた。

ヴィクトル・ユゴーの大作『レ・ミゼラブル』は、ほぼこの時代を背景としている。「人民の友の会」は、『レ・ミゼラブル』の作中でマリウスが参加する「ABC友の会」のようなものではなかったかと思われる。

その後もガロアは革命運動に身を投じながら、数学の研究を続けたが、残念なことに、それを論文にまとめることはできなかった。その内容は、ガロアが獄中で書いたといわれている、ついに書かれることのなかった論文の『序文』と、ガロアが決闘の前日、友人であるシュヴァリエに宛てて書いた「数学的遺書」によって、わずかにうかがうことができるだけだ。はっきりとはわからないが、ガロアの死後、はなやかな花を咲かせることになるいわゆる「ガロア理論」に沿った研究だったのではないか、といわれている。ガロアがその内容を書き残していたとしても、到底わたしには理解できないレベルのものであったことは間違いない。

コーシー（1789〜1857）

　1831年1月、ガロアはポアソンのすすめによって、先に提出した方程式に関する論文をもう一度書き直して、フランス・アカデミーに提出する。3度目の提出であり、前の2度の提出の結果は散逸であった。この論文は幸い現存している。これが数学に革命をもたらした『第一論文』である。

　過激な共和主義者の組織「人民の友の会」で活動しながら、ガロアが数学塾を開いたという記録が残っている。第1回の講義には30～40人ほどが集まったという。数学塾に集まるほどだから、聴講生はみな数学が好きな連中だったに違いない。しかし、数学が好きだ、あるいは数学が得意だ、というレベルでガロアについていくことなどできるはずはない。ほどなくこの数学塾は自然消滅してしまった。

「人民の友の会」での過激な言動のため、ガロアは当局に目をつけられることになる。

1831年7月14日の革命記念日、デモの先頭に立ったガロアは、逮捕され、サン・ペラジー監獄に収監される。ここでガロアは、先にフランス・アカデミーに提出した『第一論文』が、却下されたという報せを受ける。論文を査証したポアソンが、フランス・アカデミーの会合で、よくわからなかった、と発言したという話も伝わってくる。

翌1832年3月、パリにコレラが蔓延《まんえん》したため、ガロアは衛生状態の悪いサン・ペラジー監獄から、フォートリエ診療所に身柄を移される。

ここでガロアは、診療所の医師の娘ステファニーに恋をし、破れる。

そして5月30日、謎の決闘によって、腹部に銃弾を受けて倒れているところを、通りかかった農夫に助けられコーシャン病院に運び込まれるが、翌31日、死去する。

急を聞いて駆けつけ、泣き叫ぶ弟に向かって、

「泣くな。20歳で死ぬためにはありったけの勇気が必要なんだ」

と語ったのが最期だったという。

決闘の原因については諸説あり、はっきりしたことはわからない。弟は最後まで、警察の陰謀だ、と主張していたという。

道しるべ

◉序章
・古代からガロアまでの数学
⬇具体的なこたえを求めるための手順＝アルゴリズムを追究する。
・ガロアから現代までの数学
⬇こたえを含む全体の構造を探究する。
・つまり、数学の歴史はガロア以前とガロア以後とに区分される。ガロアは数学の歴史に革命をもたらしたのである。

第1章

方程式と人類

「有理数」「無理数」に物申す

図式1－1の1次方程式の根は、$4/3$だ。

分母も分子も整数である分数であらわすことのできる数を、有理数という。3も4もそれぞれ、$3/1$、$4/1$という分数であらわすことができるので、有理数だ。$4/3$も、もちろん有理数である。

図式 1-1　1次方程式

$$3x-4=0$$

このように、有理数を係数とする1次方程式の根は、必ず有理数となる。つまり1次方程式は数の構造という意味では、まったく何の面白みもない方程式なのだ。

方程式のこたえについては、「根」と表現したり「解《かい》」と呼んだりしている。初学者は混乱するかもしれないが、根と解に大きな差はない。数学辞典などを見ると微妙な差があるようではあるが、それを厳密に区別するメリットはほとんどないと思う。

同じ内容をあらわす言葉が二つあるときは、一つが淘汰《とうた》されるのが普通だが、不思議なことに根も解もしぶとく生き残っている。

根や解のような漢字語を好むのは、数学オタクの症状のひとつだともいえるが、そもそもわたしも含めて日本語話者には、外来語をかっこいいと思う心性がある。言うまでもなく「コン」も「カイ」も中国語を起源とする外来語であり、日本語の固有語としては「こたえ」という立派な単語がある。しかし「方程式のこたえ」と書くと何か小学生っぽく感じられ、中学生や高校生になると「方程式の根」や「方程式の解」という表現を使いたがるようになる。

外来語をかっこよく感じる心性は、なにも日本語話者に限ったものではなく、たとえば英語話者がラテン語を引用したりする背景にも、そういう心性があると思う。

そこで、中二病が抜け切れていない数学オタクのひとりとして、これ以後も、根と解を混用していこうと思う。なお、根をつかうか解をつかうかという判断には、そのときの気温、湿度、あるいは風向きなどが影響していることを付記しておく。

さらに、有理数という訳語についても、一言、文句をつけたいと思う。

有理数というのは、先述したとおり、分母・分子が整数である分数であらわすことのできる数のことだ。英語では rational number である。rational にはたしかに「合理的な、理にかなった」という意味があるが、この場合は ratio、つまり「比」であらわすことのできる、という意味だ。「比」と分数は、同じことを意味している。とくに欧米圏では、比と分数は同一視されている。

つまり rational number は「分数であらわすことのできる数」という意味なのだ。しかし日本語で有理数と言ってしまうと、そういう意味は雲散霧消してしまう。

有理数でない実数、つまり分数であらわすことのできない実数を、無理数という。英語では irrational number、つまり「分数であらわすことのできない数」だ。

もちろん英語の rational number、irrational number にも「合理的な数」「不合理な数」というニュアンスはあるのだろうが、その意味は、あくまで「分数であらわすことのできる数」「分数であらわすことのできない数」なのである。

しかし、日本語の「有理数」「無理数」という文字の中に、分数であらわすことができるかどうかという意味はない。だから、はじめてこれらの言葉に接した人は、有理数は理にかなった数であり、無理数は理屈に合わない、無理やりこしらえた数だというイメージを持ってしまう。さらには、有理数は正義の味方であり、無理数は悪の親玉だ、というような価値判断までしてしまうおそれがある。

有理数、無理数を「分数であらわすことのできる数」「分数であらわすことのできない数」と表記すると長すぎて不便だというのなら、せめて「有比数」「無比数」とでも呼んだらどうだろうか。

ここで無理数のために、声を大にして訴えたい。

無理数は決して悪の親玉ではない！

実にまっとうな数なのだ！

フワーリズミーと2次方程式

方程式の歴史は古い。

人類文明発祥の地の一つであるメソポタミアでは、さまざまな帝国が興り、滅びていった。その一つ、バビロニア帝国のハンムラビ王の時代の粘土板に、２次方程式とその解法が楔形《くさびがた》文字で刻まれている。

もちろん、まだ方程式を数式であらわす方法が発見される以前なので、すべて言葉で書かれてあるのだが、方程式を解く方法は基本的に、現代のそれと同じだ。

実に驚くべきことではないか。現代でも中学生を悩ませている２次方程式を、３８００年前の人が解いていたのだ。

やがて、数学の中心は地中海世界へと移る。

そして、タレス、ピタゴラス、ゼノン、ユークリッド、アルキメデスといった綺羅星のような天才を生み出した古代ギリシャ、古代ローマ、ヘレニズム世界の数学は、映画『アレクサンドリア』に描かれた、美しきヒュパティアが狂信的キリスト教徒に惨殺されるという衝撃的な事件を機に幕を下ろし、地中海世界はキリスト教の圧政による暗黒の時代へと突入する。

2次方程式はおろか、基本的な足し算さえあやふやになったのである。冗談ではなく、当時、数学を禁止する法律が公布されていた。

キリストが生まれた年を元年として、いわゆる西暦が定められたのは6世紀のことだが、実際にキリストが生まれた年とは、ずれているらしい。その程度の計算もできなくなっていたからだ、という笑い話もある。しかし聖書以外の史料は残っていないので、キリストの生年がいつだったのかを確認するのは困難だ。

繁栄の中心はイスラム帝国に移る。アッバース朝の首都であるバグダードは、唐の長安とともに、世界でもっとも栄えた都市の一つとなった。

バグダードには全世界の文化が流入し、相互作用を起こしながら、空前の繁栄を築き上げた。東からは、中国やインドの科学技術、文化遺産が伝わってきた。とくに中国からの製紙技術の伝来は、たちまちにして、それまでのパピルス、羊皮紙などを席巻してしまった。そして、インドの数学の伝来もまた、それまでの計算法を一変させたのである。

西からは、古代ギリシャ、古代ローマ、ヘレニズム世界の伝統が伝えられた。現在、わたしたちが、地中海世界では散逸してしまったプラトンやアリストテレス、あるいはアルキメデスを読むことができるのは、これらの著作がバグダードなどでアラビア語などに翻訳されて残されたためだ。

アッバース朝の最盛期である８３０年、第7代カリフ（イスラム国家の最高権威者）であったアル・マームーンが、バグダードにバイト・アルヒグマ（知恵の館）を建てた。学問の中心であり、天文台が併設された図書館だった。

古代の図書館としては、アレクサンドリア図書館が有名だ。しかし、狂信的キリスト教徒によってアレクサンドリア図書館は破壊され、膨大な蔵書は散逸してしまう。知恵の館を建設した目的の一つは、アレクサンドリア図書館の蔵書をここに移して保管することにあったとも言われている。知恵の館がとくに力を注いだ事業は、古代ギリシャ、古代ローマ、ヘレニズム世界の文献の翻訳だった。

フワーリズミー（？～850？）
写真：Alamy/アフロ

９世紀前半、この知恵の館のリーダー的存在として活躍したのが、アル・フワーリズミーだ。

生没年ははっきりしないが、８５０年頃に死亡したといわれている。フワーリズミーの業績は多岐にわたるが、ここでは『インド数字による計算法』と『アル・ジャブルとアル・ムカーバラの計算の書』に触れておこう。

『インド数字による計算法』は、インドで発見された、位取りに0を使う計算法を説明している。つまり、現在わたしたちが使用している計算法だ。あまりにもあたりまえになっているのでそのありがたみがわからなくなっているが、たとえば、ローマ数字を用いて計算することを想像してみればいい。3桁の掛け算ぐらいでも、音をあげるはずだ。割り算となると、絶望して頭を抱え込んでしまうに違いない。

計算法に文字通り革命を起こしたのである。

この書は、加減乗除の計算法からはじめ、代数方程式、幾何学、三角法など、さまざまな数学について、インド式記数法を用いて説明している。

のちの時代のことになるが、ヨーロッパでも、この書のラテン語訳を通して、インド式記数法を使うようになった。このラテン語訳はほぼ500年の間、ヨーロッパ各地の大学の教科書として使われた。インド由来の数字がアラビア数字と呼ばれるようになったのも、そのためだ。また、アルゴリズムという言葉も、この書のラテン語訳の冒頭にある「アル・フワーリズミー曰く」に由来するという。

そして、方程式の歴史を語る上で欠かすことができないのが、『アル・ジャブルとアル・ムカーバラの計算の書』だ。アル・ジャブルとは、移項してマイナスの項をプラスにすることを意味し、アル・ムカーバラは、イコール（＝）をはさんで右と左に同じ項がある場合、両辺から同じ

図式
1-2
２次方程式

$$ax^2+bx+c=0 \qquad a \neq 0$$

項を引いてその項を消去することを意味する。つまりこの書は、方程式の書なのだ。英語のアルジェブラ（代数）は、このアル・ジャブルを語源としている。

フワーリズミーはこの書で、１次方程式、２次方程式を完璧に解明した。しかし、原理は現代の数学と同じであったが、その表現はかなりややこしいものだった。まだ数式で表現するという方法は発明されていなかったので、方程式もすべて、言葉で表現しなければならなかった。また当時は、マイナスの数が認められていなかったので、２次方程式を一般的に表現することもできなかった。

つまり現代では、２次方程式を図式１－２のように書く。これ一つで、すべての2次方程式を表している。

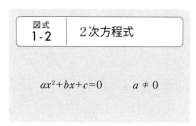

しかし、マイナスの数が認められないとなると、bやcがマイナスとなる方程式は、その項を＝の反対側に持っていったかたちで表記しなければならない。そこで、２次方程式を5種類に分類し、そのそれぞれについて、別々に解法を示したのである。

また、現代のような式の計算は不可能だったので、基本的に、図形を用いて方程式を解いていった。図形による2次方程式の解法の例は、次の章で紹介する。非常にややこしい表現ではあったが、1次方程式、2次方程式の必勝法を見出すことには成功したのである。

ハイヤームと3次方程式

2次方程式に関するすべての謎は、フワーリズミーが解明した。そうなると次は、3次方程式ということになる。

フワーリズミーの死から200年ほどが過ぎ、ペルシャにオマル・ハイヤームという学者があらわれた。ハイヤームは20代で代数学についての論文によって広く認められた。そしてその後、セルジュク・トルコの全盛期を築いたマリク・シャーに仕える。

マリク・シャーはバグダードに天文台を築き、多くの天文学者を集め、新しい暦を制定させた。ハイヤームはこの事業の中心となり、現在のイラン暦の元となるジャラーリー暦を作成した。これは16世紀にローマでつくられたグレゴリオ暦よりも正確な暦だった。

しかし、1092年にマリク・シャーが若くして病没すると、ハイヤームは宮廷にいられなくなって故郷に戻り、その後、三十数年、読書と思索の穏やかな日々を過ごした。

ハイヤームは数学者、科学者としての生涯を送り、医学、歴史、哲学などでも業績を残している。また、ペルシャ語の伝統的な四行詩ルバーイーを書き続けていたが、生前はそれを発表することはなかった。ところがハイヤームの死後、これらの詩が人口に膾炙《かいしゃ》するようになる。

そして19世紀のイギリスの詩人エドワード・フィッツジェラルドが、ハイヤームのルバーイーを翻訳して『ルバーイヤート』として出版する。ルバーイヤートはルバーイーの複数形だ。

初版２５０部だったがほとんど売れず、古本屋に流れて二束三文で叩き売られていたのだが、その後、一部の詩人に熱狂的に受け入れられ、徐々に有名になり、世界的なベストセラーになった。日本でも蒲原有明《かんばらありあけ》の英語からの重訳版（１９０８年）を皮切りに、原語訳、重訳が数多く出版されている。

ハイヤーム（1048〜1131）

『ルバーイヤート』を読むと、ハイヤームの思想は原子論の立場から宗教や神を罵倒した紀元前１世紀のローマの詩人ルクレティウスの『物の本質について』に近いのではないか、と思えてくる。少なくとも正統的なイスラムの教義とは異なるものだった。天国や地獄、最後の審判なども信じていなかったようだ。ハイヤームが生前、これらのルバーイーの公表を控えたのも、このためだったのではないかと思われる。
また、イスラム教では飲酒が禁じられ、女性は人前で素肌をさらしてはならないとされているが、ハイヤームはワインと美女を愛慕する。酒場で飲んでいると思えるような状況も描かれている。現代のイランでも法で飲酒が禁じられているが、隠れて飲んでいる人は多いと聞いている。イスラム革命以前、王政の時代は一般の家庭でも自由に酒を楽しんでいた。ハイヤームの時代も、わりと自由に飲むことができたのではないか。
わたしも『ルバーイヤート』の大ファンだ。わたしのお気に入りをいくつか紹介しよう。

神のように天を自由にできるものなら、
わたしはそれを、たちどころに壊すであろう。
その代わりに新しい世界を創るであろう、
善良な人びとが安楽に生きていけるように。

天国には黒い瞳の美女がいて、
酒、乳、蜜があふれていると人はいう。
ならば、この世で酒や恋人をえらんで、なんの恐れがあろう、あの世にも、それがあるのだから。

このおれを創ったあのお方が、天国に、それとも
惨《むご》い地獄におれを入れるつもりなのか、知らない。
草の上の盃、花の乙女、竪琴《たてごと》があれば、
それがおれの幸せの現物、天国という手形は君にやろう。

ハイヤームよ、酒に酔うなら、楽しむがよい。
チューリップの美女と共にいるのなら、楽しむがよい。
この世の終わりはついには無だ。
自分は無だと思って、いま在《あ》るこの生を楽しむがよい。

（『ルバーイヤート』オマル・ハイヤーム著、岡田恵美子編訳、平凡社）

ペルシャ語では、美女、美少年の形容として、よく「チューリップ」という表現を使うらしい。

ハイヤームはいくつかの特殊な3次方程式の解法にたどりついていた。もちろんそれらの解法は、数式ではなく言葉で表現されていた。いつしかその解法は、美しい韻文に生まれ変わった。韻文で書かれた方程式の解法——いかにも神秘に満ちたアラビアの魔法の呪文のようではないか。

ハイヤームは3次方程式の解の公式、つまり必勝法を見出すことはできなかったが、神秘に満ちたアラビアの魔法は、やがてイタリア半島に伝えられ、方程式の歴史に革命を引き起こすのである。

フォンタナの数学決闘

16世紀のイタリア。

イタリアが民族国家として統一されるのは19世紀に入ってからであり、当時はヴェネチア共和国だとかミラノ公国だとかが合従連衡《がっしょうれんこう》をくりひろげる混乱の中にあった。フランス、神聖ローマ帝国などの外国の干渉もはなはだしかった。

1512年、カンブレー同盟戦争の中で、フランス軍がロンバルディア地方のブレシアに侵攻する。その過程で、4万人以上の民衆が虐殺されたと伝えられている。

このとき、ニコロ・フォンタナという少年がフランス兵に斬りつけられ、口のあたりに重傷を負った。幸い命はとりとめたものの、生涯にわたって発声が不自由になるという後遺症に苦しむことになる。このため、フォンタナは「タルタリア」（吃音《きつおん》）という異名で呼ばれることになった。

戦争孤児であったフォンタナは、墓場で墓碑を見ながらアルファベットや数字を学んだというおどろおどろしい逸話が伝わっている。その後、フォンタナは独学で数学を修め、20歳ごろには名の売れた数学者になっていたらしい。

その名も「タルタリア流数学師」である。

当時、数学者として認められる道は、論文の発表ではなく、数学決闘に勝利することだった。ガロアも決闘で死んだ。ヨーロッパには長い決闘の歴史がある。数学による決闘は、武器による決闘とは異なり血を流すことはないが、決闘は決闘である。数学決闘をめぐって、さまざまな悲喜劇が生まれたらしい。

数学決闘は、立会人のもとに双方が問題とその解答を預け、定められた日に公開の席で双方が相手の問題に対する解答を提出する、というような流れで進められた。決闘の日には多くの見物人が集まった。盛大な賭けも行われた。

当時、数学決闘で好まれたのは、方程式の問題だったという。方程式の解法がわからなくても、解答が発表されれば、それを代入することによって誰でもそれが正解であるかどうかがわかるからだ。

たとえば、図式1－3のような問題が出されていたらしい。

この例にあるとおり、当時、一番流行していたのは3次方程式だった。

2次方程式については、解の公式――必勝法――が広く知られていた。しかし、3次方程式の完全な解法はまだ発見されていなかった。

その中で、ペルシャの耽美《たんび》詩人オマル・ハイヤームなどに由来する3次方程式の解法が、アラビア伝来の秘術としてひそかに伝えられていた。これらの秘術は、韻文《いんぶん》、つまり詩のかたちで口《く》伝《でん》されていた。

科学と魔法が渾然《こんぜん》一体としていた時代だった。一般の人にとって、3次方程式の解法などは、魔法の呪文そのものだった。

数々の数学決闘に勝利して名を上げたフォンタナは、30代の半ばになって一念発起し、数学者としての名誉と富の獲得を夢見て、当時の大都会である水の都ヴェネチアに向かう。1534年ごろだった。その悲壮な決意は、次の詩のようなものではなかったか、とひそかに思っている。

ふるさとは遠きにありて思ふもの
そして悲しくうたふもの

図式 1-3　数学決闘で出題された問題の例

宝石を500ダカットで売った。儲けは仕入れ値のちょうど3乗根だった。儲けはいくらか。

儲けを x とすると、仕入れ値は500 − x となるので、方程式は次のようになる。

$$x=\sqrt[3]{500-x}$$

両辺を3乗して整理する。

$$x^3=500-x$$
$$x^3+x-500=0$$

公式を用いて解くと、$\sqrt{\ }$ が出てきたり $\sqrt[3]{\ }$ が出てきたりと、とんでもない数になる。読者がびっくりするといけないので、解を書くのはやめておく。

近似値を求めると、正の実数解は約7.895となる。

よしや
うらぶれて異土の乞食《かたい》となるとても
帰るところにあるまじや
ひとり都のゆふぐれに
ふるさとおもひ涙ぐむ
そのこころもて
遠きみやこにかへらばや
遠きみやこにかへらばや

（「小景異情　その二」室生犀星）

このとき、フォンタナの前に立ちはだかったのが、名門ボローニャ大学で数学を学んだフィオレだった。ほぼ独学で名を上げてきたフォンタナとは異なり、正式の数学教育を受けたサラブレッドだ。

ボローニャ大学で代数や幾何学を教えていたフィオレの師デル・フェッロは、アラビア伝来の秘術、3次方程式の解法を習得していると噂されていた。フェッロの死後、フェッロ流数学術を受け継いだのが、フィオレだったのだ。「田舎まわりの数学師風情が……」というような言葉でフィオレがフォンタナを挑発したのがことの発端だったらしい。フォンタナはこの挑戦を敢然と受けて立った。ここで逃げては、タルタリア流数学師としての未来が完全に閉ざされてしまうからだ。

　フォンタナは、以前、フィオレに数学決闘でこてんこてんにやられた男の話を直接聞いていた。だから、フィオレがどのような問題を得意としているかは熟知していた。同時に、フィオレが受け継いだフェッロ流の秘術の弱点も承知していた。だから、フィオレが解くことのできない問題をつくることはできた。

フォンタナ（1499？～1557）

　しかし、フィオレが出題した問題を解くことができなければ、勝負に勝つことはできない。フォンタナは斎戒沐浴《さいかいもくよく》をし、必死になって、３次方程式の解法を探究した。そしてある日、天啓を得て、必勝法を編み出すことができた。

　もっとも、このあたりのエピソードは、クロスチェックをする史料が残っていないのが普通なので、記録を書いたほうの勝ち、あるいは記録が残ったほうの勝ちとなる。好き勝手なことを書いても、その記録が残ればそれが歴史となってしまう。だから、これらの話を額面どおり受け取るわけにはいかないのかもしれない。

ともかく、決闘の日がやってきた。双方から30題ずつの問題が提出された。フォンタナは必勝法を用いて、その30題の問題をすべて解いた。フィオレは1題も解くことができなかった。

結果は30対0でフォンタナの圧勝となった。

名門ボローニャ大学で数学を学んだエリート中のエリートを、どこの馬の骨とも知れない数学師が破ったのである。

フォンタナの名声はいやがうえにも上がっていった。

多くの数学師がフォンタナのまわりに集まり、さまざまな甘言を弄して、3次方程式の秘術を教えてほしいと懇願したが、フォンタナは頑としてそれをはねつけた。現代のマジシャンが命をかけてマジックのタネを守るのと同じだ。それがメシのタネなのだから、おいそれと教えるわけにはいかないのである。

「白魔術師」カルダノ

フォンタナに秘術を教えてくれと懇願した男たちの中に、カルダノというパドヴァ大学の医学の教授がいた。

このカルダノという人物、21世紀に生きているわたしたちにはちょっと理解しがたい、規格はずれの男だった。

まず、優秀な医者であったことは間違いない。顕官《けんかん》貴族の病気を治療したりして、かなりの名声を得ていた。海を越えて、遠くイギリスにまで治療に行ったこともある。医学においても、有用なさまざまな発見をしている。

科学や技術にも関心を持っていて、後世に残るような発明もしている。そして後述するように、数学者としても歴史に残る人物だ。

カルダノ（1501〜1576）

同時に、高名な占星術師でもあった。当時の占星術は、原理は現代も同じだが、誕生時の星位図——ホロスコープ——を作成して、その人の運命を予言した。ホロスコープは、最新の数学と最高水準の天文学の知識がなくては作成できない。

当時の占星術について調べていてわたしは、昔読んだマンガの一場面を思い出してしまった。ファンタジー世界に住む主人公が、天気予報がまるで当たらないことに腹を立て、気象庁に乗り込む。気象庁では多くの職員が、寝る時間をも削りながら懸命に働いていた。職員たちは必死になって集めた科学的なデータを、いくつかの壺《つぼ》に入れて、ゴジラのような奇怪な生物にお伺いを立てる。結局、その生物がどの壺を選ぶかによって、天気予報を決定していたのだ。

客観的で科学的なデータの収集と、荒唐無稽なご託宣、まさに当時の占星術がそれだった。科学的な計算にもとづく精密なホロスコープを作成しながら、最後は「火星が○○宮に入るから運命は××だ」というような予言をするのである。最高の数学者であり、科学者であったカルダノがこんなものを本気で信じていたというのだから、あきれてしまう。

しかし、21世紀の現代でも占星術なるものを信じている人がたくさんいるのだから、そのころとしては当然のことだったのかもしれない。それに、当時は医学と占星術はセットのような存在だったので、このあたりまでなら納得できないでもない。

カルダノには病的な賭博癖もあった。それで身を滅ぼさなかったのは、数学的な知識があったためかもしれない。さいころ賭博やカード賭博の本を書き、その中で効率的ないかさまのやりかたも紹介している。

チェスにも凝《こ》っている。当時のチェスもまた、賭博だった。

守護霊というものも本気で信じていた。自分の守護霊がいかに自分を守ってきたかをくわしく述べたりしている。こちらのほうは本気で信じていたのかどうかはわからないが、自分には超能力があると公言し、詐欺を働いたこともある。

そもそもカルダノは、自分が研究している科学を「白魔術」、つまり自然魔術と考えていた。悪霊などを利用する「黒魔術」とは異なり、自然の法則を利用する魔術だというのだ。

あらゆることに興味を持っていたカルダノは、生涯で１００冊以上の本を出版し、その多くが諸外国語に翻訳され、ベストセラーになった。観相術の本もあり、顔のどこそこにほくろのある女は夫に毒殺される、というようなことを書いたらしい。ハムレットのかの有名な「To be or not to be」のせりふのあとに語られる内容は、カルダノの著書『慰めについて』に酷似しているという。かつてはハムレットがこのせりふを語るときは、カルダノのこの本を手にするのが決まりだったという説もある。

カルダノの人生もまた波乱万丈で、毀誉褒貶《きよほうへん》も極端だった。そのカルダノが、フォンタナに接近したのだ。

フォンタナはフィオレとの数学決闘に勝利して富と名声を得たとはいえ、政界、財界に人脈があったわけではなかった。それに対し、カルダノは名門の生まれで、パドヴァ大学の医学教授であり、人脈も広かった。フォンタナは、大砲に関連して照準器などの発明をしており、パトロンを欲していた。カルダノはパトロンを紹介する、というような甘言を弄して、フォンタナを誘い出した。そしてあの手この手を使い、決して口外しないという誓いを立て、ついにその秘術を聞き出す。

カルダノの弟子にフェラーリという男がいた。口八丁手八丁で、悪魔のように頭の切れる男だったという。フェラーリは、カルダノからフォンタナの秘術を聞くと、それに霊感を得て、なんと4次方程式の解の公式を導き出してしまう。

フェラーリ（1522～1565）

その後、カルダノはフェラーリとともに、フェッロの遺族を訪ねる。フェッロは3次方程式の秘術を秘密にしていたが、そのメモを遺族に残していた。そこでカルダノは、フォンタナ以前にすでにフェッロが3次方程式の解法を発見していたことを知る。そして、『アルス・マグナ』（大いなる技法）という本を執筆し、その中でフォンタナの秘術と、フェラーリが発見した4次方程式の解の公式を公表してしまうのである。

フォンタナの秘術は、フォンタナのオリジナルではなかった、というのがその言い訳だった。しかし、フォンタナはフェッロ流の秘術を数学決闘で破っているのである。つまり、フェッロ流の秘術は完全なものではなく、フォンタナの秘術はそれを克服したものだった。カルダノの言い訳は話にならない。決して口外しない、という誓いを破った裏切りに、フォンタナは激怒した。

フォンタナはカルダノを激しく攻撃したが、カルダノは逃げ回るばかりで、矢面に立ったのは、異様に頭の切れるフェラーリだった。

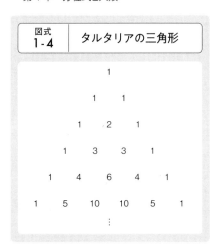

その後、フォンタナとフェラーリの間で数学決闘が行われ、フォンタナが惨敗したという話もあり、そのような決闘はなかったという話も残っている。後年、フォンタナとカルダノは和解した、という説もある。

図式 1-4　タルタリアの三角形

```
                1
              1   1
            1   2   1
          1   3   3   1
        1   4   6   4   1
      1   5  10  10   5   1
                ⋮
```

残ったのは、『アルス・マグナ』という本だった。この本はヨーロッパ中で読み継がれ、その後の代数学の基礎となった。そのため、3次方程式の解の公式は「カルダノの公式」、4次方程式の解の公式は「フェラーリの公式」と呼ばれるようになった。近年、3次方程式の解の公式を発見したのはフォンタナなので、「フォンタナ＝カルダノの公式」と呼ぶべきだ、という声も上がっているという。

話は変わるが、図式1-4のように、両端に1を並べ、右上と左上の数を足したものをその下に書いてできあがる三角形は、数学的に非常に面白い性質を持っている。これは通常、「パスカルの三角形」と呼ばれているが、パスカルがはじめて発見したというわけではない。世界の各地で、さまざまな数学者がこの三角形を見つけ、研究してきた。そのため、この三角形はそれぞれの地域で、お国自慢の数学者の名前で呼ばれている。中国では「楊輝の三角形」、イランでは「ハイヤームの三角形」といった具合だ。

そしてイタリアでは、「タルタリアの三角形」なのである。言うまでもなく、タルタリアはフォンタナの異名である。

道しるべ

◉第1章

・この章は読み物として楽しんでほしい。

第2章

逆転の発想

3次方程式、4次方程式の解の公式が発見された。次は5次方程式か、ということになるが、そうは問屋がおろさない。そもそも、当時は数式を用いて方程式を表現する、ということすら確立されていなかった。フワーリズミーもハイヤームも、そしてフォンタナ、カルダノ、フェラーリもみな、言葉で方程式を表現し、図形を用いてその解法の正当性を示していたのだ。

図を用いて2次方程式を解いてみよう（図式2-1）。

解の公式を使ってしこしこ計算するよりも楽なのではないか。

フォンタナは、3次方程式も図を用いて解いた。

2次方程式を解くときには正方形を利用したが、同じように考えれば、立方体を使えば3次方程式を解くことができそうだ。しかし、2次方程式の場合は2つの長方形と1つの正方形を組み合わせるだけでよかったが、3次方程式を解くためにはさまざまな直方体の積み木を積み上げていく必要がある。相当にややこしい。精神の安定のためにはそれ以上考えるのはやめたほうがいいかもしれない。

3次方程式の場合から類推すれば、4次方程式を解くためには、4次元立方体を使う必要がある、ということになる。

図式
2-1
２次方程式を図で解く

次の２次方程式を図によって解いてみる。

$$x^2 + 4x - 7 = 0$$

当時はマイナスの数が認められていなかったので、次のように表現した。

$$x^2 + 4x = 7$$

図ではマイナスの数を表現できないという理由もあった。そもそも当時は数式ではなく、「ある数の平方とその数の４倍の和が７である」というように言葉で書かれていたのだ。では、図を描いてみよう。

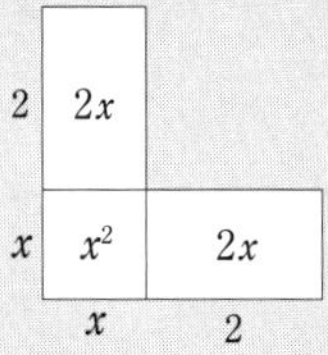

x^2 は辺の長さが x の正方形だ。$4x$ は２つの $2x$ に分ける。これは辺の長さが２と x の長方形だ。

この正方形と２つの長方形を図のように並べる。与えられた方程式から、この図形の面積は７になる。

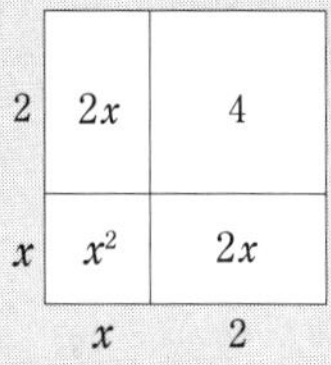

次の図で、正方形をつけ加える。

この正方形の辺の長さは２なので、面積は４となる。

すると、全体の正方形の面積は

$$7 + 4 = 11$$

となるので、辺の長さは $\sqrt{11}$ だ。

これが $x + 2$ にあたるので、

$$x + 2 = \sqrt{11}$$
$$x = \sqrt{11} - 2$$

※当時はマイナスの数が認められていなかったので、もう一つの解 $-\sqrt{11} - 2$ は「異界の数」として排除されていた

しかし、4次元立方体がどのようなかたちをしているのかを知っている人間はいない。そんなものを使って方程式を解くなど不可能だ。

ところが、フェラーリは天才的な発想によって、この困難を克服した。立方体や直方体をうまく組み合わせることで、実質的に4次元立方体を表現してみせたのである。これには、師のカルダノもおどろき、あきれたほどだ。

さて、次は5次方程式ということになるが、これを解くためには5次元立方体が必要になる。5次元立方体！

こうなるともう、図による解法というのは到底不可能ということになる。5次方程式を扱うためには、数式がぜひとも必要なのだ。

さらに、図による解法にはもう一つ重要な欠陥があった。マイナスの数を表現できないのだ。

そもそも当時は、引き算は認められていたけれども、独立したマイナスの数は認められていなかった。方程式を解いてマイナスの数が出てきたら、「ウソの解」とか「異界の数」とか言ってその解を排除していたのである。

「黒魔術」のような暗号解読

ブルボン朝の初代王であるアンリ4世はかなりの女好きで、その愛妾は50人を超えていたとも伝えられているが、同時に、賢明で寛容な人物であり、当時の混乱したフランスを落ち着かせるのに努力し、現代でもフランス国民の間でもっとも人気の高い王といわれている。ちなみにかつては50フラン紙幣でその肖像が採用されていた。なんといっても、1598年のナントの勅令によって、40年にわたって続いた内戦、パリを血の海にしたサン・バルテルミの虐殺で知られるユグノー戦争を終息に向かわせた功績が大きい。

そのアンリ4世の治世を法律の専門家として支えた男が、フランソワ・ヴィエトだ。1540年の生まれだから、1501年生まれのカルダノより39歳年少ということになる。

国民からは良王と慕われたアンリ4世だが、その治世が安定していたわけではない。とりわけ治世の初期は、アンリ4世を王と認めようとしないカトリック同盟との熾烈《しれつ》な戦いを強いられた。このカトリック同盟を陰で支援していたのが、フェリペ2世のスペインだった。フェリペ2世は「太陽の沈まぬ帝国」と呼ばれたスペインの最盛期を築き上げた王であり、日本から来た天正遣欧少年使節を歓待したのもこの王だ。

ところが、数々の戦場で勝利を獲得してきたフェリペ2世がいかに巧妙な作戦を立てても、フランス軍はつねにその裏をかくように動き、フェリペ2世を翻弄《ほんろう》した。どうやらスペイン軍の暗号が解読されているらしかった。

しかし、人間の力でその暗号を解くことなどできるはずはない、とフェリペ2世は確信してい

ヴィエト（1540〜1603）

た。そこでフェリペ2世はローマ教皇に書簡を送り、フランス軍は「黒魔術」を用いて暗号を解読している、これは異端であり、厳しく処断してほしいと頼み込んだ。もちろんローマ教皇はまともに相手にしなかった。

　スペイン軍の暗号を解読してフランス軍に輝かしい勝利をもたらしたのが、ヴィエトだった。ヴィエトがどのように暗号を解いたのかは明らかになっていないが、数学的な方法を用いたのではないかと考えられている。

　ヴィエトが用いたのが、当時一般に行われていた、天才的な洞察によって鍵を探す、というようなものではなかったことはほぼ確かだ。ヴィエトはその死にあたって、暗号解読の秘法を宰相に伝えた。そして宰相はヴィエトの死後も、暗号を解読できたという。その秘法が天才的な洞察ではなく、数学的な方法であったことを示す証拠だ。

　ヴィエトの業績は、三角法や代数方程式など多岐にわたる。「ヴィエトの公式」と呼ばれている円周率πを求める無限乗積も有名だ。

　しかし、数学におけるヴィエトの功績として第一に挙げられるのは、なんと言っても数式の形式を確立したことだろう。ヴィエトの数式は、まだ言葉による数式の尻尾を残していたが、原理的には、現代の数式とまったく同じものだった。

ヴィエトによって、数学が万人の学問になった、と言っても過言ではない。かつてはエリート中のエリートしか扱うことのできなかった2次方程式を、年端もいかない中学生が解くことができるのも、ヴィエトのおかげなのだ。

ヴィエトの功績により、5次元立方体のようなものを考えることなく、5次方程式を研究することができるようになった。

このため、ヴィエトは「代数学の父」と呼ばれている。

ここで、代数方程式の姿を確認しておくことにしよう（図式2-2）。代数方程式とは、未知数 x の累乗に係数 a を掛けた項、つまり

$$ax^n$$

をいくつか足し合わせたもので構成される方程式だ。

次数が上がるごとに複雑になり、だんだん手がつけられなくなる様子がわかると思う。また、未知数 x について「足す」「引く」「掛ける」「割る」という計算によって構成される方程式は、

図式 2-2

代数方程式

方程式の言葉による表現と、式による表現を並べてみる（すべて $a \neq 0$ とする）。

1次方程式

ある数に a を掛け、それに b を加えると 0 になる。

$$ax+b = 0$$

2次方程式

ある数の平方に a を掛け、そこにある数に b を掛けたものを加え、さらに c を加えると 0 になる。

$$ax^2+bx+c = 0$$

3次方程式

ある数の立方に a を掛け、そこにある数の平方に b を掛けたものを加え、さらにある数に c を掛けたものを加え、さらにまた d を加えると 0 になる。

$$ax^3+bx^2+cx+d = 0$$

4次方程式

ある数の 4 乗に a を掛け、そこにある数の立方に b を掛けたものを加え、さらにある数の平方に c を掛けたものを加え、さらにある数に d を掛けたものを加え、最後に e を加えると 0 になる。

$$ax^4+bx^3+cx^2+dx+e = 0$$

5次方程式

ある数の 5 乗に a を掛け、そこにある数の 4 乗に b を掛けたものを加え、さらにある数の立方に c を掛けたものを加え、さらにある数の平方に d を掛けたものを加え、さらにある数に e を掛けたものを加え、最後に f を加えると 0 になる。

$$ax^5+bx^4+cx^3+dx^2+ex+f = 0$$

分母を払って整理していけば、すべてこの形の代数方程式に帰着することも理解できるだろう。

数学王が押した太鼓判

方程式の歴史をひもとくと、ヴィエトのあとにはウォリス、デカルト、ニュートンなどの大物の名前が続く。

それぞれが輝かしい業績を残したのだが、方程式に関しては、どれも中学や高校で教えているようなことなので、それらについていちいち触れる必要はないだろう。

ただ、数学王ガウスについては述べておく必要がある。長い数学の歴史で、「数学王」と呼ばれたのはガウスだけだ。１００人の数学者に、傑出した数学者ベスト5を選べと言えば、全員がその中にガウスを含めると思われる。

ガウスの整数論については、『13歳の娘に語るガウスの黄金定理』（岩波書店）で詳述した。『方程式のガロア群』（前掲書）の約半分は、１の累乗根を求めるガウスの方法を、ガロア群の立場から述べたものだ。もちろん、ガウスの仕事はこれだけではない。

方程式を語る上で欠かすことができないのが、代数方程式の解がどのような数であるのかを明らかにした「代数学の基本定理」だ。

ピタゴラスは「万物は数である」と唱えた。つまり、この世のすべての数は整数の比、つまり有理数であらわすことができる、と主張したのである。しかし、方程式を研究していくと、数の範囲を拡張していかなければならなくなっていく。

$$x+5=0$$

という方程式を解くためには、数をマイナスの領域に拡張しなければならない。

$$x^2=2$$

を解くためには、無理数が必要になる。そして、

$$x^2 = -1$$

を解くためには、複素数を認めなければならない。

２次方程式まででもこんな具合だった。それ以上の高次の方程式を解くためには、どんな恐ろしい数を認めなければならないのか、と戦々恐々とした雰囲気もあったのだ。

それに対してガウスは、「n次の代数方程式の根は、重根も含めてn個存在し、それらはすべて複素数である」ことを証明したのである。つまり、代数方程式の研究は、複素数の範囲内で閉じている、というわけである（当然のことだが、その代数方程式の係数に複素数以外の数が含まれていてはならない）。

もちろん、複素数の範囲を飛び出す数が存在しない、と言っているのではないが、足す、引く、掛ける、割ると累乗根という計算だけなら、複素数までを考えればいい、と保証してくれたのである。

当時、たとえばライプニッツなども、マイナス１や虚数iの累乗根を考える場合、複素数の範囲を超えるのではないか、という不安を訴えていた。そういう不安はすべて、杞憂《きゆう》にすぎない、とガウスは太鼓判を押したのだ。この定理がなければ、ガロアも安心して議論を進めることができなかったはずだ。

この証明は、アルゴリズム（手順、手続き）を含まない存在証明だった。

アルゴリズムの発見が数学である、と思われていた時代だ。その意味で、ガウスのこの証明は実に画期的なものだった。

アルゴリズムの発見という手法でこれを証明しようと思えば、すべての方程式を実際に解いて、複素数の範囲にある根を見つけなければならない。当時、4次方程式までの根の公式は知られていたが、5次方程式の根の公式は見つかっていなかった。アルゴリズムの発見という手法でこの定理を証明するためには、5次はおろか6次、7次、……、というすべての方程式の根を、実際に見つけなければならない。

そんなことができるはずもない。

ガウスは、n次方程式の根をどうやって求めるのか、というアルゴリズムについては一切触れずに、複素数の範囲にある根の存在を証明したのだ。

それは、アルゴリズムの探究から、構造の研究へ、という数学の発展の嚆矢として位置づけることができる定理でもあった。

女性にやさしい数学者

この章のここまでの内容は、いまでは常識になっていることなので、ガロアの数学を考える上でとくに注意を払う必要はないが、これから述べようとすることは中学や高校では教えないことであり、また、ガロアの数学の中心的な課題に直結する内容でもある。

カルダノの死からおよそ２００年、多くの数学者が５次方程式に挑戦し、敗れていったが、ここに、方程式論の流れを変える男が登場する。

ラグランジュ（1736〜1813）

ジョゼフ・ルイ・ラグランジュである。

若くしてオイラーに見出されたラグランジュは、ベルリン・アカデミーやフランス・アカデミーなどで活躍し、フランス革命後はメートル法の制定に尽力した。ラグランジュの最高傑作は１７８８年に出版された『解析力学』だろう。

大学で変分法なるものを学ぶことになると、そこに登場するオイラー＝ラグランジュ方程式に苦労させられることになる。わたしは大学で数学を学んだわけではないが、数年前、必要に迫られて変分法を相手にせざるを得なくなり、滅茶苦茶に苦労した記憶がある。そのときはある程度理解したつもりになっていたが、いま思い返してみると、くわしい内容はほとんど覚えていない。数学を理解するあの幸福の瞬間は、訪れていなかったのではないかと思う。

ラグランジュは、当時の男性としては珍しく、女性をひとりの人格として尊重していた。ソフィ・ジェルマンとのエピソードを紹介しよう。

裕福な商人の娘として生まれたジェルマンが13歳のとき、バスチーユ牢獄が怒れる民衆に襲撃されるという衝撃的な事件が起こった。騒乱を避けてジェルマンは家に閉じこもるが、そのとき父の書斎で見つけた『数学の歴史』という本が、ジェルマンの人生を変えることになる。

とくにアルキメデスの死に興味を持ったという。史実であるかどうかは確かではないが、当時から広く知られていた、次のような伝説をジェルマンは読んだのだと思われる。

イタリア半島の南、シチリア島の要塞都市シュラクサイを大軍で包囲したローマの将軍マルケルスは、数日のうちにシュラクサイを陥落させることができると豪語していたが、実際に攻撃してみると、アルキメデスが考案した新兵器に翻弄され、手も足も出ないありさまとなってしまった。2年に及ぶ包囲ののち、奇襲によってシュラクサイ攻略に成功したマルケルスは、アルキメデスの才を惜しみ、兵士らに対してアルキメデスを殺してはならない、と厳命した。

シュラクサイの城壁が破られた日も、アルキメデスはその騒乱を知らないまま、自宅の庭に図形を描いて研究に没頭していた。ローマ兵がそこに踏み込んでも、アルキメデスは顔も上げなかった。そしてローマ兵がアルキメデスの面前に踏み込むと、

「わしの円を踏むな」

と一喝した。

ローマ軍の力を恐れもしない生意気な老人の一喝に激昂《げっこう》したその兵士は、その老人がアルキメデスであるとは知らないまま、突き殺してしまったという。

ジェルマンは、自分の命の危険すら忘れるほどアルキメデスを夢中にさせた幾何学に興味を覚え、それを学びはじめる。

数学中毒となったジェルマンは、父の書斎にあった数学関係の書物を読み漁り、すぐにニュートンやオイラーの著作が理解できるようになった。

しかし両親は、ジェルマンが数学を学ぶことを禁じた。女が数学を学ぶと早死にする、というような迷信が本気で信じられていた時代だった。夜間、数学の勉強ができないように、両親はあたた

ジェルマン（1776〜1831）
提供：Science Photo Library/アフロ

かい服や灯火を与えなかった。そこでジェルマンは、毛布に包《くる》まりロウソクの明かりをたよりに数学の勉強を続けた。

ジェルマンが18歳のときに、ガロアがのちに受験に失敗することになる理工科学校が設立されるが、女性の入学は認められていなかった。そこでジェルマンは何とか講義ノートを入手し、退学した男子学生の名前で自分の研究を、当時、理工科学校の教授であったラグランジュに送った。そのレポートがあまりにも優秀だったので、ラグランジュは面会を求めた。そしてジェルマンが女性であることを知るのである。

しかしラグランジュは、ジェルマンが女性であると知っても態度を変えることはなく、逆にジェルマンを励まし、指導を続けた。

のちにジェルマンは、弾性理論の論文によってパリ科学アカデミーの大賞を受賞する。また、フェルマーの最終定理に関連する定理を証明したが、いまでは「ソフィ・ジェルマンの定理」と呼ばれており、それに関連する素数には「ジェルマン素数」という名がつけられている。

また、晩年のジェルマンは、ある数学の会合で見かけた「生意気だけどすぐれた資質をみせた」ガロアを気遣う手紙を残している。

51歳のときベルリンからパリに移ったラグランジュは、マリー・アントワネットのお気に入りとなり、彼女に数学を教えたりしていた。

どこへ行っても、ラグランジュのまわりには女性が登場する。

しかし、１７８９年にフランス革命が勃発すると、マリー・アントワネットに寵愛《ちょうあい》されていたことがたたり、身を隠さなければならなくなった。知人の天文学者のところに隠れるのだが、そうこうするうちに、その天文学者の娘に熱愛されるのである。

ベルリン時代に妻と死別していたラグランジュは、この娘と再婚する。当時ラグランジュ56歳、新妻は30歳年下だった。その後、パリジャンとパリジェンヌたちは、嬉しげに若妻と腕を組んで舞踏会に出かける初老の数学者の姿を見かけることになるのである。

その最期も、いかにもラグランジュらしい。『異説　数学者列伝』（森毅著、蒼樹書房）から引用する。

> 死と老衰さえも、ラグランジュは快く受け入れたらしい。死の二日前にモンジュが見舞ったとき、もっと悪い妻を持っていて、その妻が自分の死を悲しまずにいてくれたらよかったのだが、妻に死を悲しまれることだけが心残りだ、と語ったという。

ラグランジュの研究は多岐にわたり、オイラーほどではないが、数学を勉強しているとあちこちで「ラグランジュの公式」なるものを見かけることになる。方程式論についても、大きな足跡を残した。

方程式の研究にあたって、ラグランジュは5次方程式の解の公式を発見するために、2次方程式、3次方程式、4次方程式の解法を徹底的に検討していく。

方程式を解く流れが逆転した

3次方程式の解の公式を導くために、フォンタナ、カルダノは天才にしか思いつかないような式の変形を実行している。たとえば、xを図式2－3のように置き換えて、もとの方程式のxに代入して計算していくのである。普通はそんなことをしても式が複雑になるだけだ、と思うはずだし、そんなことを実行しようと考えたりはしないはずだ。

図式 2-3　式の置き換えの一例

$$x = u + v$$

ラグランジュは、フォンタナ、カルダノ、フェラーリがなぜ成功したのか、その秘密を探っていく。

まず、2次方程式の解の公式を見ていこう（図式2－4）。

公式を見れば、$\sqrt{\ }$が1つあることに気がつく。

0以外の有理数が1つあれば、足す、引く、掛ける、割るという計算で、すべての有理数をつ

図式 2-4　**2次方程式の解の公式**

$$ax^2 + bx + c = 0 \qquad a \neq 0$$

の解は次の式であらわされる。

$$x = \frac{-b \pm \sqrt{b^2-4ac}}{2a}$$

くることができる。

ある0でない有理数を a としよう。

まず a/a で1をつくる。足し算、引き算を繰り返せば、すべての整数が出てくる。その整数で割り算をすれば、すべての分数をつくることができる。つまり、すべての有理数を生み出すことができるのである。

しかし、$\sqrt{\ }$ がつく数の場合は、そうはいかない。2乗すれば有理数になるが、それ以外の計算では、$\sqrt{\ }$ がそのまま、しつこく残る。2次方程式を解くための鍵になるのは、$\sqrt{\ }$ のつく数なのだ。

$\sqrt{\ }$ のつく数をつくるためには、次の方程式を解く必要がある。

$$X^2 = A$$

今度は、3次方程式の解の公式を見てみよう。これはちょっとややこしい。読者が怖がるといけないので省略しようとも思ったが、ちょっと短絡的な行動なのではないか、と思い直すことにした。

人間というのは、アンビバレンツな生物である。怖がりのくせに、好奇心旺盛だ。モンスターを怖いと言いながらも、それを見たがったりもする。怖い、と言って顔を掌《てのひら》で覆いながらも、指の間からモンスターを覗《のぞ》き見したりするのだ。

ワニが大きな口をあけて威嚇している上を、ツルにつかまったサルがキャッキャッ言いながらブランブランと遊んでいる映像を見たことがある。サルはワニをからかって遊んでいるらしいのだ。時には、この危険な遊びに失敗してワニの餌食になるサルもいるという。するとサルたちは一目散に逃げるのだが、しばらくするとまた性懲りもなく戻ってきて、同じことをはじめる。

怖いけど、その怖さがおもしろいのだ。

人間も確かに、この性質を受け継いでいる。

だから読者の皆さんも、恐ろしい3次方程式の解の公式を覗き見て、キャッキャッと騒いでもらいたい（図式2-5）。

この公式を見ると、まず3乗根（立方根）の記号「$\sqrt[3]{\ }$」が目につく。そして、その中にさらに、2乗根（平方根）の記号「$\sqrt{\ }$」がある。これらの数は、足す、引く、掛ける、割るという計

図式 2-5　**3次方程式の解の公式（フォンタナ＝カルダノの公式）**

3次方程式

$$x^3 + px + q = 0$$

の解の1つは、次の式であらわされる。

$$\sqrt[3]{-\frac{q}{2}+\sqrt{\left(\frac{q}{2}\right)^2+\left(\frac{p}{3}\right)^3}}+\sqrt[3]{-\frac{q}{2}-\sqrt{\left(\frac{q}{2}\right)^2+\left(\frac{p}{3}\right)^3}}$$

算で求めることはできない。次の2つの方程式を解かなければならないのだ。

$$X^2 = A$$
$$X^3 = B$$

次は4次方程式ということになるが、この解の公式は3次方程式以上にややこしい。そこで、4次方程式を解くためにはどのような累乗根を求める必要があるか、その結果だけを示すことにしよう。

4次方程式を解くためには、

$$X^2 = A$$
$$X^3 = B$$
$$X^2 = C$$
$$X^2 = D$$

を次々に解いていかなければならない。

結局、方程式を解く鍵は、

$$X^n = A$$

というかたちの方程式にあるのだ。このかたちの方程式には項が2つしかないので、これ以後、「二項方程式」と呼ぶことにしよう。

方程式を解く、とは、方程式の係数a、b、c、…を用いて、方程式の根であるα、β、γ、…を求めることである。しかし足す、引く、掛ける、割るだけでは普通、根にたどりつくことはできない。累乗根を求める必要があるのだ。

累乗根を求めるためには、二項方程式を解かなければならない。

そこでまず、方程式の係数a、b、c、…に、足す、引く、掛ける、割るという計算をほどこして、最初の二項方程式の定数Aを求める。

そして今度は、方程式の係数a、b、c、…と、Aの累乗根に、足す、引く、掛ける、割るという計算をほどこして、次の二項方程式の定数Bを求める。

次は、方程式の係数a、b、c、…と、Aの累乗根と、Bの累乗根に、足す、引く、掛ける、割るという計算をほどこして、その次の二項方程式の定数Cを求める。

以下、同様。

そして最後に、方程式の係数a、b、c、…と、Aの累乗根、Bの累乗根、Cの累乗根、…に、足す、引く、掛ける、割るという計算をほどこして、方程式の根であるα、β、γ、…を求めるのである。

図式2－5の公式を用いて、実際に、3次方程式をひとつ解いてみよう（図式2－6：3次方程式の解は3つ存在するが、あとの2つは複素数となって、かなり面倒なことになる）。

つまり、

a、b、c、… ↓ A、B、C、… ↓ α、β、γ、…

という流れである。

ラグランジュは、この流れを逆転させる。もとの方程式の解α、β、γ、…を使って、二項方程式の定数項A、B、C、…を表現してみたのである。もう少し正確に言うと、もとの方程式の解α、β、γ、…を使って、二項方程式の解$\sqrt[p]{A}$、$\sqrt[q]{B}$、$\sqrt[r]{C}$、…を表現してみたのだ。

図式2－6の3次方程式について、この逆の流れを示していきたいところだが、ちょっとややこしいので、2次方程式の場合を見ていこう。

図式2－7にあるとおり、2次方程式の解をα、βとすると、二項方程式の根の1つは

図式
2-6　3次方程式の実数解を求める

方程式　$x^3+9x+4=0$

の係数は、図式 2-5 の式に従えば、$p=9$、$q=4$ である。

①これを用いて、第1の二項方程式

$$X^2=A$$

の A を求める。この A は図式 2-5 の公式の解の、$\sqrt[3]{\ }$ の中にある $\sqrt{\ }$ の中身だ。つまり、

$$A=\left(\frac{q}{2}\right)^2+\left(\frac{p}{3}\right)^3$$

であり、ここに $p=9$、$q=4$ を代入すると、

$$A=\left(\frac{4}{2}\right)^2+\left(\frac{9}{3}\right)^3=2^2+3^3=31$$

したがって、

$$X^2=31$$

の解は $\pm\sqrt{31}$ となる。

②次に、第2の二項方程式

$$X^3=B$$

の B を、①の解と 9、4 を用いて求める。これは図式 2-5 の $\sqrt[3]{\ }$ の中身だ。つまり、

$$B=-\frac{q}{2}\pm\sqrt{A}$$

これに q と A の値を代入する。

$$B=-\frac{4}{2}\pm\sqrt{31}=-2\pm\sqrt{31}$$

したがって、

$$X^3=-2\pm\sqrt{31}$$

の実数解は $\sqrt[3]{-2+\sqrt{31}}$ と $\sqrt[3]{-2-\sqrt{31}}$ になる。

③これらの結果をもとにして、実数解 α を求める。

$$\alpha=\sqrt[3]{-2+\sqrt{31}}+\sqrt[3]{-2-\sqrt{31}}$$

図式 2-7　二項方程式の根をもとの方程式の根であらわす

x^2 の係数で全体を割り、x^2 の係数を1にした2次方程式を考えよう。

$$x^2 + ax + b = 0$$

この解は

$$x = \frac{-a \pm\sqrt{a^2-4b}}{2}$$

となる。これを解くために必要な二項方程式の定数は、$\sqrt{\ }$ の中身となるので、

$$X^2 = a^2-4b$$

であり、その根は

$$\sqrt{a^2-4b} \text{ と } -\sqrt{a^2-4b}$$

である。もとの方程式の根を α、β とすると、

$$\alpha = \frac{-a +\sqrt{a^2-4b}}{2} \qquad \beta = \frac{-a -\sqrt{a^2-4b}}{2}$$

なので、式の形を見れば、$\alpha-\beta$ を計算した結果が二項方程式の根であることはわかるだろう。

$$\begin{aligned}\alpha-\beta &= \frac{-a +\sqrt{a^2-4b}}{2} - \frac{-a -\sqrt{a^2-4b}}{2} \\ &= \frac{-a +\sqrt{a^2-4b} + a + \sqrt{a^2-4b}}{2} \\ &= \frac{2\sqrt{a^2-4b}}{2} = \sqrt{a^2-4b}\end{aligned}$$

つまり、$\alpha-\beta$ が、二項方程式の根の1つとなる。

$\alpha - \beta$

という非常に簡単な式になる。

同様にして、3次方程式、4次方程式についても、それを解くために必要な二項方程式の根を、もとの方程式の根であらわしてみると、なかなか整った有理式が出てきたのである。有理式とは、足す、引く、掛ける、割るの計算をほどこした式のことで、この場合はもとの方程式の根α、β、γ、…に、足す、引く、掛ける、割るの計算をした式のことだ。

これらの有理式が、方程式を解くための鍵になるのだ。

いくつか例を挙げてみよう（図式2-8）。

また、これらの有理式をもとにして検討していくと、フォンタナ、カルダノ、フェラーリなどがなぜ成功したのかが見えてきた。つまり、これまでは天才にしか思いつかないであろう意味不明の式変形と考えられてきたものが、実は二項方程式の定数項（$X^n = A$の定数項はA）を求めるための式変形だとわかったのである。

方程式研究の流れが変わったのだ。

図式 2-8　方程式を解く鍵となる有理式

◆２次方程式の根をα、βとする。
鍵となる有理式。

$$\alpha - \beta$$

◆３次方程式の根をα、β、γとする（１以外の１の３乗根の１つをωとする）。
※フォンタナ＝カルダノの公式で鍵となる有理式。

$$\alpha + \omega\beta + \omega^2\gamma$$

※チルンハウゼンの公式で鍵となる有理式。

$$-\frac{\alpha^2 + \omega\beta^2 + \omega^2\gamma^2}{\alpha + \omega\beta + \omega^2\gamma}$$

◆４次方程式の根をα、β、γ、δとする。
※フェラーリの公式で鍵となる有理式。

$$\alpha\beta + \gamma\delta$$

※オイラーの公式で鍵となる有理式。

$$(\alpha + \beta) - (\gamma + \delta)$$

二項方程式の根になるような、もとの方程式の根の有理式を探す、という方針によって、フォンタナ、カルダノ、フェラーリの方法とは別の方法で公式を導く道も見つかった。根の有理式がどうして方程式を解く鍵になるのか、については次章以後で述べる。

5次方程式もこの方針で解ける、と誰もが思った。

しかし、ラグランジュはここで撤退する。

5次方程式の根は5つ存在する。それを組み合わせてできる有理式の種類は無限だ。膨大な種類となるその有理式を、一つ一つ調べていくという、成功の可能性が低い作業を続けていく時間はない、というのが理由だった。

ラグランジュのこの選択は賢明だった。もしラグランジュが粘着質の男で、しつこく根の有理式を探しつづけていたなら、永遠に計算の泥沼をさまようことになったはずだ。

ガロアによれば、そのような有理式は存在しないのだから。

ラグランジュの方針をあらためて整理しよう。

これまでは、ただ闇雲に、方程式の根を求めようとしてきた。しかしラグランジュは、最初から方程式の根を求めるのではなく、まず根の有理式を求めることが鍵になることを発見したのだ。

そこで問題は、根の有理式の値を求めることができるかどうか、に移ることになる。

道しるべ

◉第２章

・方程式を解く鍵は、二項方程式なのだ。

・ラグランジュは、二項方程式の根を、もとの方程式の根の有理式であらわした。これが方程式論の流れを変えたのである。

・「闇雲に根を求めるのではなく、まず根の有理式の値を求めよう」が、新たなスローガンとして登場したのだ。

第3章

ここに群あり

二項方程式を知るには1の累乗根を知るべし

二項方程式を解くのは簡単だ。たとえば、図式3－1の方程式①の正の実数解は$\sqrt{2}$になる。図式3－1の方程式②なら$\sqrt[5]{2}$だ。

図式3-1　二項方程式

$$X^2=2 \cdots\cdots ①$$

$$X^5=2 \cdots\cdots ②$$

2乗根なら$\sqrt{}$をつけ、5乗根なら$\sqrt[5]{}$をつければいいという、安易というか、かなりズルいルールのおかげだ。$\sqrt{2}$や$\sqrt[5]{2}$がどんな数であるかはおいておいて、とにかくそれを2乗根、5乗根と決めよう、という話なのである。

その背後にはもちろん、$\sqrt{2}$や$\sqrt[5]{2}$を小数や分数でいくらでも精密にあらわすことができる、という保証がある。たとえば$\sqrt[5]{2}$を求めるためには、図式3－2のようにやればよい。

こうやっていけば、小数点以下何位であろうと、近似値を求めることができる。

実際はこれよりもずっと効率的な方法があるのだが、そういうことはプロのプログラマーに任せておけばよい。コンピュータを使えば、1秒もかからずに好きな精度の近似値が求

図式
3-2

$\sqrt[5]{2}$の近似値の求め方

まず

$$1^5 = 1 \qquad 2^5 = 32$$

を求める。あきらかに

$$1 < \sqrt[5]{2} < 2$$

である。続いて、小数点以下1位を求める。

$$1.1^5 = 1.61\cdots \qquad 1.2^5 = 2.48\cdots$$

したがって

$$1.1 < \sqrt[5]{2} < 1.2$$

次に小数点以下2位を求める。

$$1.11^5 = 1.68\cdots \qquad 1.12^5 = 1.76\cdots$$

$$1.13^5 = 1.84\cdots \qquad 1.14^5 = 1.92\cdots$$

$$1.15^5 = 2.01\cdots$$

したがって

$$1.14 < \sqrt[5]{2} < 1.15$$

これを続けていけば、いくらでも精確な値を求めることができる。

まる。

このように、二項方程式は何乗であろうと簡単に解くことができるので、これ以上、検討する必要はないように思えるが、実はそうではない。

二項方程式の構造をくわしく見ていこう。

まず、二項方程式

$$X^n = A$$

は、つねに、次数が素数である二項方程式に分解されることに注意してほしい。たとえばnが6の場合は図式3－3の方程式①のように表現できるので、最初に3次の二項方程式を解き、次に2次の二項方程式を解くことによって解決できる。もちろん、図式3－3の方程式②のように、最初に2次の二項方程式を解いてから、3次の二項方程式を解いてもよい。

図式 3-3　二項方程式の分解

$$X^6 = (X^2)^3 \quad \cdots\cdots ①$$

$$X^6 = (X^3)^2 \quad \cdots\cdots ②$$

二項方程式はつねに素数次の二項方程式に分解されるので、これ以後、素数次の二項方程式だけを相手にしていく。

ではまず、

$$X^2=2$$

からはじめていこう。これの正の実数解は$\sqrt{2}$だ。しかし、代数学の基本定理は「n次方程式にはn個の解がある」と言っている。この二項方程式は2次だから、解は2つあるはずだ。みなさんご存知のように、もう1つの解は$-\sqrt{2}$だ。

次は、3次の二項方程式を考えよう。

$$X^3=2$$

の正の実数解は$\sqrt[3]{2}$だが、それ以外にあと2つ存在するはずだ。

いま、1以外の1の3乗根の1つをaとしよう。そんなものが存在するのか、それはどういうかたちをしているのか、というような問いにはあとで対応する。いまはとにかく、そういうものがあるとしておく。

$\sqrt[3]{2}$を3乗すれば2だ。当然、aの3乗は1になる。ならば$\sqrt[3]{2}$にaをかけたものを3乗しても、2になるのではないだろうか。つまり、

$$(\sqrt[3]{2}a)^3$$

を計算してみようということである。

$\sqrt[3]{2}$の3乗は2となり、aの3乗は1となるので、当然、$\sqrt[3]{2}a$の3乗は、2×1で2となり、この二項方程式の根になる。

さらに、

$$(\sqrt[3]{2}a^2)^3$$

も計算してみよう。

$\sqrt[3]{2}$の３乗は２だから、これは問題ない。a^2の３乗は、aの６乗となり、これはaの３乗の２乗となるので、結局、１の２乗となり、１になる。つまり、$\sqrt[3]{2}a^2$の３乗も２になるので、この二項方程式の根だ。つまり、

$$X^3=2$$

の根は、次の３つになる。

$$\sqrt[3]{2}$$

$$\sqrt[3]{2}a$$

$$\sqrt[3]{2}a^2$$

次に、

を考えてみよう。同様にして、1以外の1の5乗根の1つをbとすると、

$$X^5=2$$

$$\sqrt[5]{2}\quad \sqrt[5]{2}b\quad \sqrt[5]{2}b^2\quad \sqrt[5]{2}b^3\quad \sqrt[5]{2}b^4$$

が、この二項方程式の根であることがわかる。

つまり、二項方程式を調べるためには、まず1の累乗根について知っておく必要があるのだ。二項方程式は素数次のものだけを検討すればいいので、1の累乗根についても、素数乗根だけを考えることにする。

「マイナス1を掛ける」という意味

まず、1の2乗根を考えてみよう。1の2乗根は1とマイナス1だ。数直線上では図式3－4のようになる。

ここで、1とマイナス1の関係を考えてみる。1にマイナス1を掛けるとマイナス1になる。

　もう一度マイナス１を掛けると、１に戻る。つまり、360°回転したことになる。二度掛けて360°の回転になるのなら、一度の回転は360°÷２で、180°の回転ということになるのではないだろうか。

　つまり、次ページの図式３-５のように、マイナス１を掛けるということを、原点を中心として１を180°回転したと考えようというわけだ。以後、「原点を中心として」は省略する。

　もう一度言えば、

マイナス１を掛ける→180°回転する

と考えるのである。ここで、「マイナス１」と「マイナス１を掛ける」はまったくその意味が異なっていることに注意してほしい。

「マイナス１」は数直線上の位置をあらわす。

それに対して、「マイナス１を掛ける」というのは、「180°回転する」という操作を意味しているのだ。

　１にマイナス１を掛けると、１を180°回転したマイナス１の位置に移るというわけだ。

図式 3-4　１の２乗根

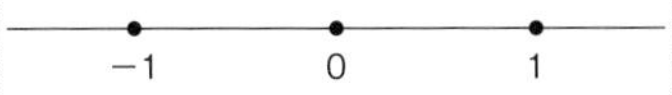

図式 3-5　1にマイナス1を掛ける

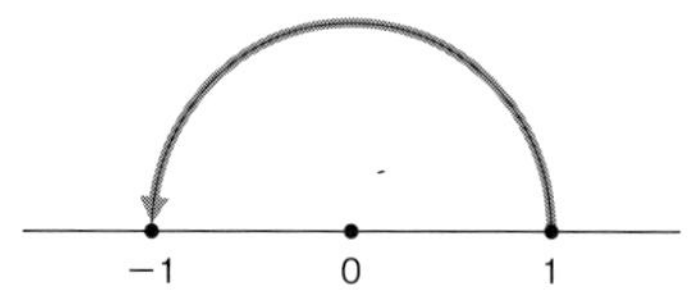

そこで、これ以後は一歩を進めて、「マイナス1」という表現の中には、「マイナス1という位置にある点」という意味と、「180°の回転」という意味が同時に含まれていると考えてほしい。

もう一度マイナス1を掛ける、つまり「180°回転する」を2回繰り返すと、360°回転したことになり、1に戻る。ぴったりだ。

このとき、時計回りの回転なのか、反時計回りの回転なのかは、まったく優劣はないのでどちらでもよい。ここでは、数学の習慣に従って反時計回りを採用する。ただし、時計回りでも反時計回りでもどちらでもよいのだが、一度どちらかに決めたら、ずっとそれを守る必要がある。

虚数はここに

では、2乗してマイナス1になる数、つまり虚数iはどこにあるのだろうか。マイナス1の場合と同じように考えていけば、2乗とは2回回転することを意味するはずである。2乗してマイナス1になる数は、2回回転すれば180°回転する。とすると、iは180°÷2で90°のところにあるはずだ。

図式3－6のiが、ちょうど1を90°回転した数になる。「iを掛ける」とは「90°回転する」を意味するのである。

図式3-6　2回回転するとマイナス1になる数は？

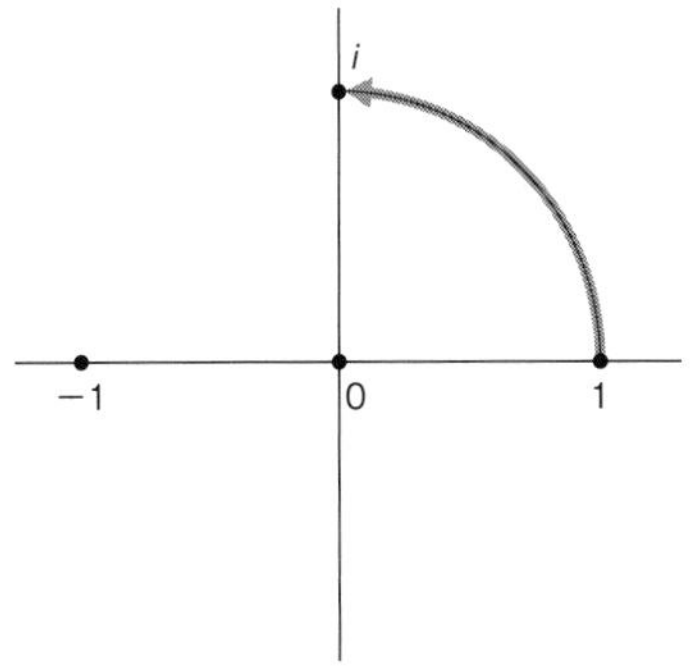

マイナス1の場合と同様に、「i」という表現の中には、「1を90°回転した位置の点」と、「90°の回転」という2つの意味を含んでいることを忘れないでほしい。

2乗すると（2回回転すると）180°回転なのでマイナス1、3乗すると（3回回転すると）270°回転するのでマイナスi、4乗すると（4回回転すると）360°なので1に戻る。

ぴったりだ。

これが虚数iだ。

虚数iについては、存在していないものを数学者が無理矢理でっちあげた、にせものの数だ、と主張している人も見かけるが、数直線の上のほうに、このようにしっかりと存在しているのである。

そもそも「虚数」という名前が問題だ。「虚数」という単語は、英語のimaginary number（想像上の数：ドイツ語、フランス語などでも同じ意味の単語を使っている）の翻訳だが、もともとの「想像上の数」という言い方もひどい。こんな呼び方をするから、虚数iは存在しない数なのだ、というような誹謗《ひぼう》中傷が飛び交うのだ。

数学王ガウスもこの呼称を問題にしている。実数、虚数（想像上の数）というような、価値判断を含むような言葉を使うから初学者が誤解するのだ、と述べて、たとえば数直線をイメージして、実数を左右に延びる数、虚数を上下に延びる数というように、価値判断を含まない表現にしたらどうかと提案している。

日本語で「左右に延びる数」「上下に延びる数」というのが長すぎると言うのなら、「水平数」「垂直数」などと呼んだらどうだろうか。「平数」「立数」もいいかもしれない。

第1章で、故なき汚名に苦しむ無理数の悔しい心の内を声を大にして訴えたが、虚数についても同様の訴えをしたい。

虚数は決してむなしい数ではないのだ！

実数と虚数を含む数、たとえば

$$3+2i$$

のような数を、複素数という。

横軸を実数軸、縦軸を虚数軸とした平面を、複素平面といい、複素数は複素平面上の点であらわされる。$3+2i$ならば、図式３－７のように、横軸の３、縦軸の２が交わる点だ。

では、この点をもとに、掛けるiが90°の回転、掛けるi^2が180°の回転、掛けるi^3が270°の回転であることを確かめてみよう。i^2はマイナス１、i^3はマイナスiなので、まずそれらを掛けてから、図示してみよう。

図式３－８で、90°の回転、180°の回転、270°の回

図式 3-7　複素数と複素平面

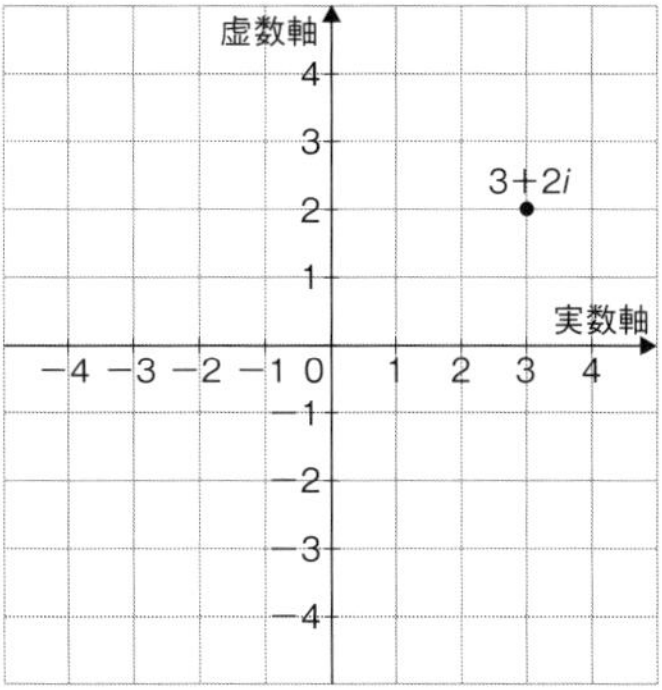

図式
3-8

iを掛けていくと、90°ずつ回転する

$(3+2i) \times i = 3i+2i^2 = 3i-2 = -2+3i$

➡ 90° 回転

$(3+2i) \times i^2 = (3+2i) \times (-1) = -3-2i$

➡ 180° 回転

$(3+2i) \times i^3 = (3+2i) \times (-i) = -3i-2i^2$

$= -3i+2 = 2-3i$

➡ 270° 回転

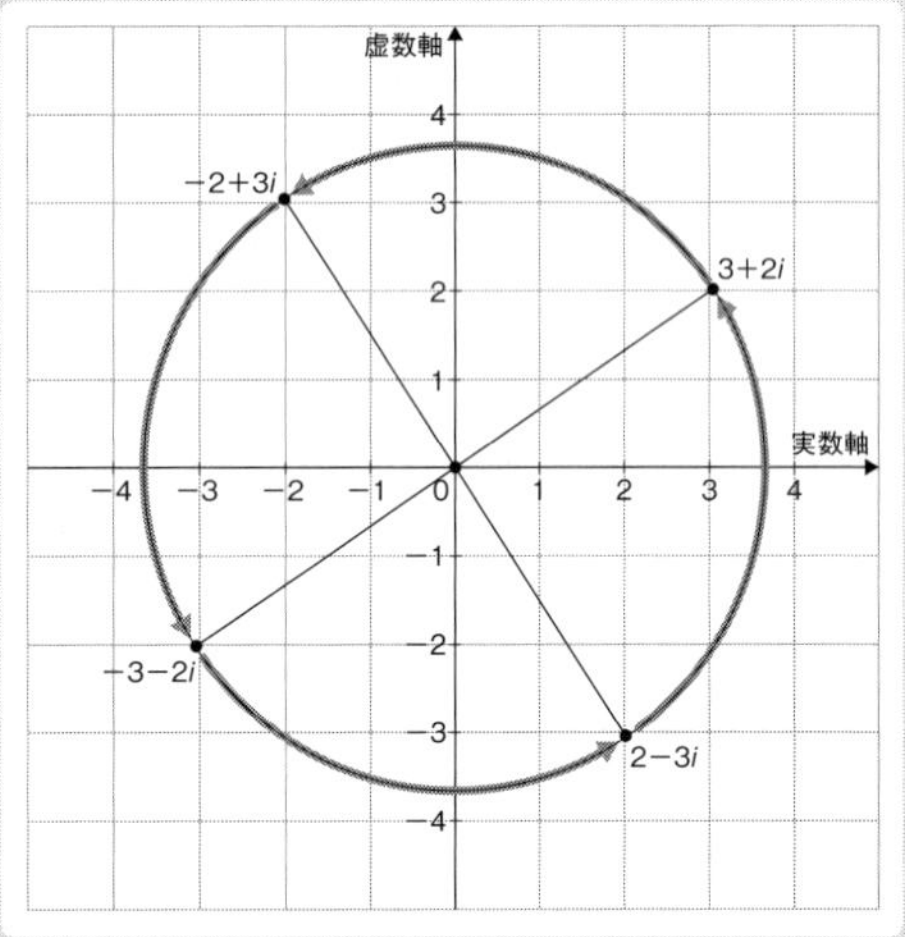

転を確認してほしい。

1の累乗根はぐるぐる回る

では、1の3乗根を考えてみよう。3乗すれば1になる。つまり360°回転するので、1の3乗根は360°÷3＝120°と計算して、120°回転したところの点と考えればいいことになる。

図式3-9のaが、120°回転した数だ。もっと正確に表現すれば、「aを掛ける」とは「120°回転する」を意味する。1にaを掛ければ、図のaの位置にくるというわけだ。

当然、a^2は、240°の回転を意味する。240°の回転を3回繰り返せば720°になって1に戻る。つまり、a^2も1の3乗根になる。

しつこいようだが、「a」という表現には、1の3乗根という意味と同時に、「120°の回転」という意味も含まれている。

図式 3-9　1の3乗根

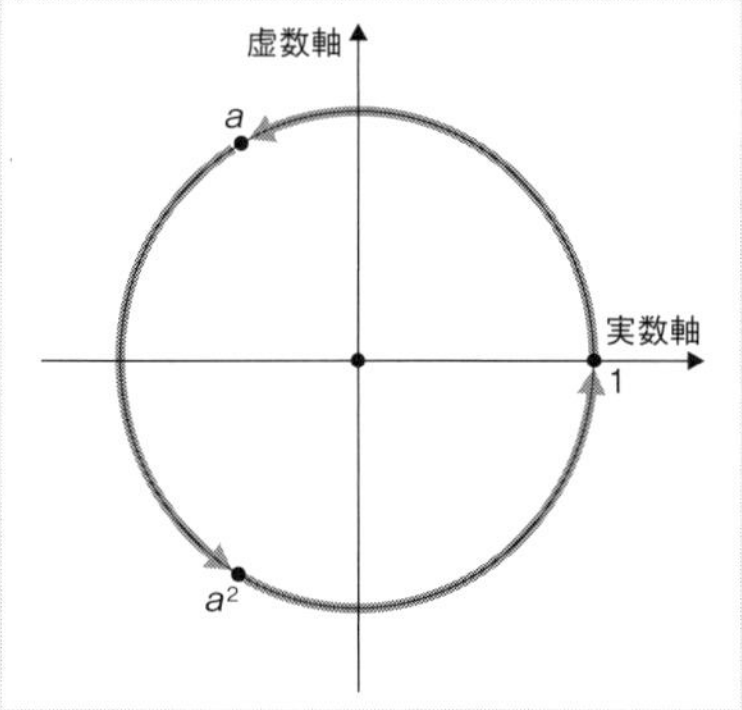

図式 3-10 a と a^2 を複素数であらわす

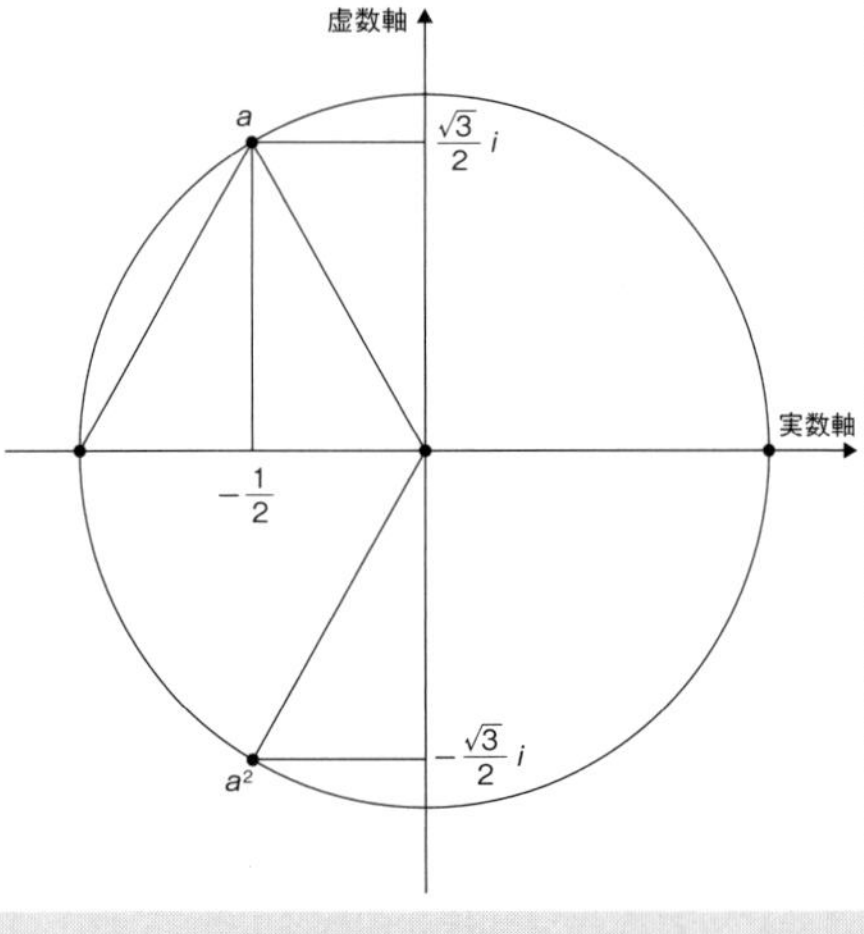

$$a = -\frac{1}{2} + \frac{\sqrt{3}}{2}i = \frac{-1+\sqrt{3}\,i}{2}$$

$$a^2 = -\frac{1}{2} - \frac{\sqrt{3}}{2}i = \frac{-1-\sqrt{3}\,i}{2}$$

図式3-11　a^2は240°回転、a^3は360°回転

$$a^2=\left(\frac{-1+\sqrt{3}\,i}{2}\right)^2=\frac{(-1+\sqrt{3}\,i)^2}{2^2}=\frac{1-2\sqrt{3}\,i-3}{4}=\frac{-2-2\sqrt{3}\,i}{4}=\frac{-1-\sqrt{3}\,i}{2}$$

$$a^3=\left(\frac{-1+\sqrt{3}\,i}{2}\right)^3=\left(\frac{-1+\sqrt{3}\,i}{2}\right)^2\times\frac{-1+\sqrt{3}\,i}{2}=\frac{-1-\sqrt{3}\,i}{2}\times\frac{-1+\sqrt{3}\,i}{2}=\frac{1+3}{4}=1$$

aとa^2が、実際にどのような数になるのか求めてみよう。

aと原点と円の左端を結んだ三角形は、辺の長さが1の正三角形になるので、aのx座標は$-\frac{1}{2}$、y座標は$\frac{\sqrt{3}}{2}$となる。だから複素数であらわすと、aとa^2は図式3-10のようになる。

a^2、a^3がどうなるか、実際に計算してみよう（図式3-11）。

また、先ほどと同じように、$3+2i$にaとa^2を掛けて、それぞれ120°の回転、240°の回転になっていることを確かめてみよう（次ページの図式3-12）。

同様にして、1の5乗根を求めてみよう。

360°÷5＝72°なので、72°のところをbとしよう。すると、b^2、b^3、b^4がそれぞれ、144°、216°、288°のところになり、b^5は1になる（図式3-13）。

この場合、三角形を用いてbを簡単に求めることはできないが、安心してほしい。ガウスが、すべての1の累乗根は、有理数から足す、引く、掛ける、割ると累乗根の計算をほどこして求めることができると証明している。

図式
3-12

$3+2i$ の点を回転させると

$$(3+2i)\left(\frac{-1+\sqrt{3}\,i}{2}\right)=\frac{-3+3\sqrt{3}\,i-2\,i+2\sqrt{3}\,i^2}{2}$$

$$=\frac{-3-2\sqrt{3}}{2}+\frac{-2+3\sqrt{3}}{2}\,i$$

$$(3+2i)\left(\frac{-1-\sqrt{3}\,i}{2}\right)=\frac{-3-3\sqrt{3}\,i-2\,i-2\sqrt{3}\,i^2}{2}$$

$$=\frac{-3+2\sqrt{3}}{2}+\frac{-2-3\sqrt{3}}{2}\,i$$

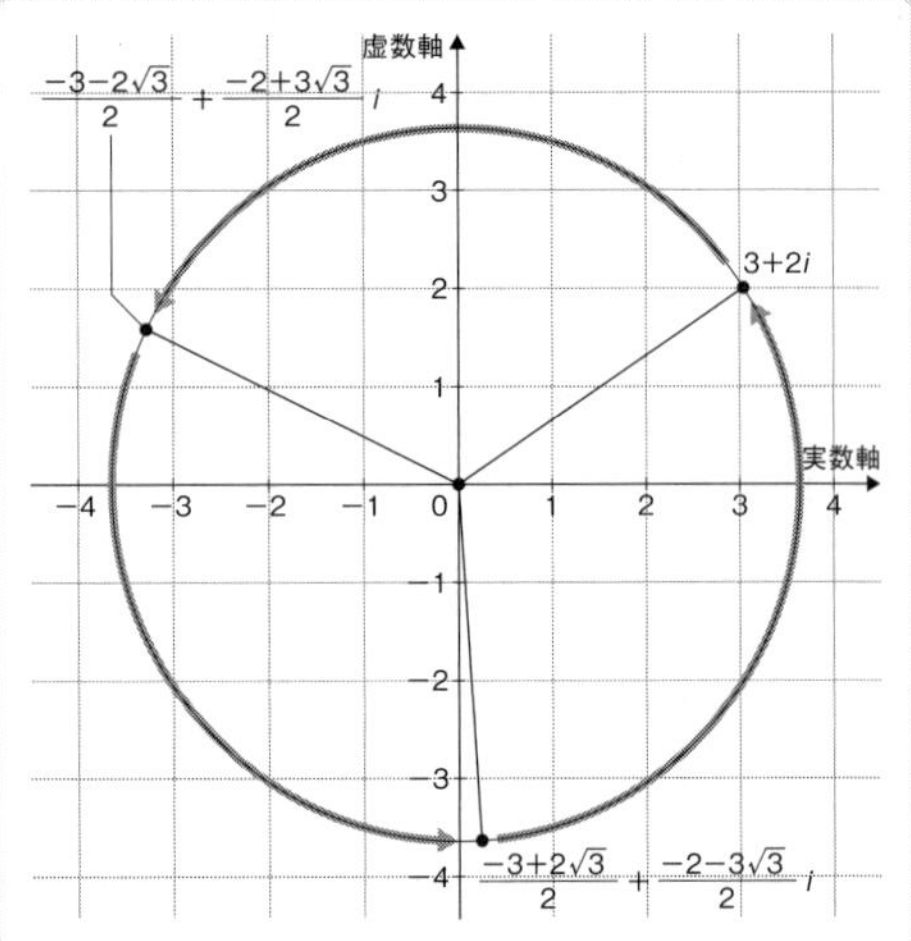

図式 3-13　1の5乗根

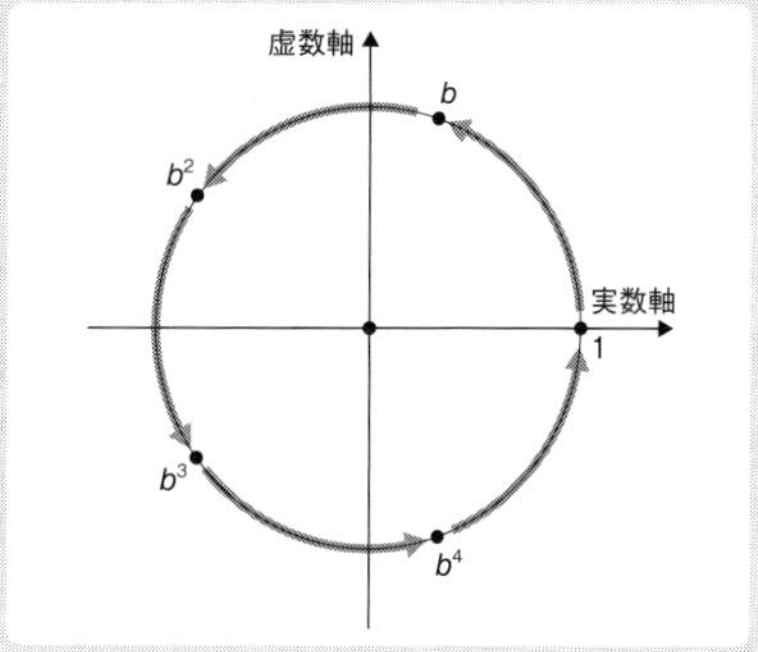

図式 3-14　1の7乗根

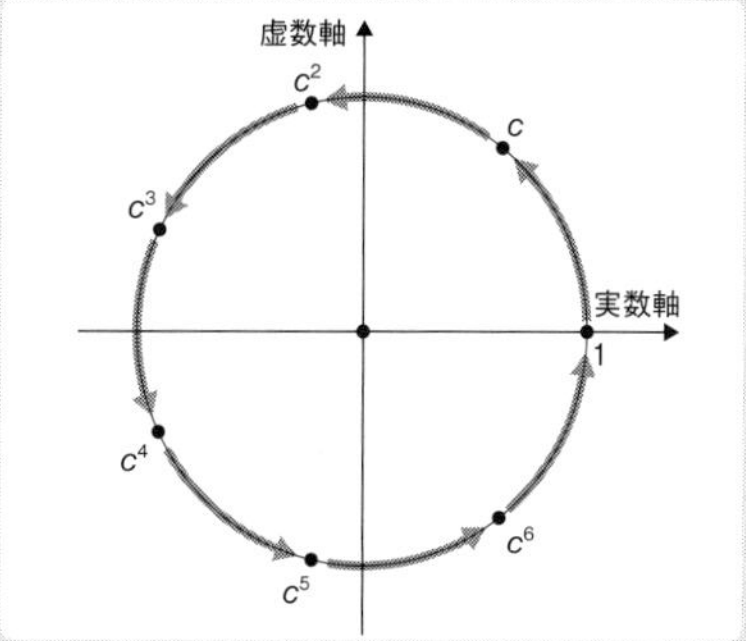

1の7乗根は、360°÷7なので、その点をcと置こう（図式3-14）。以下同様。1の累乗根は、半径1の円の上を、ぐるぐる回っているのだ。

世界のいたるところに「群」はある

1の3乗根は、1と、1を120°回転した点、そして1を240°回転した点の3つだ。これらはそれぞれ、「120°の整数倍の回転」という操作によって、それぞれ入れ替えることができる。

このように、ある1種類の操作（逆の操作も含む）の結果が、その集合の範囲に収まっているとき、その集合を「群《ぐん》」という。

数学で「群」というときは、もう少し、いくつかの条件をつける。しかし、細かいことを云々しはじめるとややこしくなるので、ここでは歴史的な流れに従って、自然に群を導入することにしよう。

ガロアも『第一論文』の中で、群については次のようにさらりと述べてすましている。

ある群が置換SとTを含んでいれば、その群は必ず置換STを含む。

ガロアはここで、「置き換え」の群について述べている。「置き換え」とは、字義通りものを置き換えることで、たとえば（松　竹　梅）を（梅　松　竹）に置き換えることなどを意味している。この「置き換え」という操作を「置換」と呼び、「置き換えの群」を「置換群」と呼ぶことにしよう。置換に続けてもう一度置換をしたら、それもひとつの置換になることは明らかだろう。ガロアが言っているのは、群にSという置換とTという置換が存在していれば、Sの置換に続いてTの置換を作用させるSTという置換もその群の中に存在していなければならない、ということである。

群はいたるところに存在する。

日常的に親しんでいる整数の世界も、たとえば足し算（とその逆である引き算）にだけ注目すれば、群になる。整数＋整数が、必ず整数になるからだ。整数の足し算、引き算は小学校以来、慣れ親しんでいる。そんな簡単なことに、わざわざ「群」などという名前をつけて研究する意味はどこにあるのだろうか。

数学の本質は抽象化にある。具体的な事象の研究は、その具体例にしか応用できない。しかし話を抽象化しておけば、さまざまなところに応用が利く。群についても同様だ。小学校以来慣れ親しんできた整数の世界には、足し算に注目すれば、群という構造があるのだ。だから、整数を離れて、抽象的に群を研究していこう、というわけである。

群を抽象的に考えていくと、その具体例は、いたるところに存在することがわかる。群は数の世界にだけ存在しているわけでもない。

しかし、ここで群の実例を列挙していっても、群についての理解を深めることにはならないと思う。逆に群の本質を見誤るおそれもある。群について議論するとき、その群の要素が何であるのかを意識することはない。置換群の要素、あるいは数字であるかどうかなどはまったく問題にしない。「要素Sと要素Tがあった場合、要素STがその集合に含まれる」と、それ以外の2～3の条件を満足する要素であれば、それが何であるかはまったく問題にされないのだ。

群は、構造として意識された最初の数学的な対象の一つだ。最初、というと少し語弊があるかもしれないが、群の研究の初期から、構造が意識されていたことは間違いない。

群という構造の主役は「計算」だ。もう少し抽象化して「操作」とか「作用」などと表現することも多い。もともとは「足し算」や「掛け算」からその研究がはじまった。「計算」や「操作」や「作用」を主役とする構造を、代数的構造という。群は代数的構造の一つなのだ。

現在は群以外にもいくつかの代数的構造が発見され、研究されている。この観点から表現すると、「この世界にはじつにさまざまな群が存在する」は、「この世界の現象の中にはじつにさまざまな群という代数的構造を見てとることができる」と言うことができる。

群とは、たった一つの操作に注目した代数的構造のことなのである。

1の累乗根は群である

1の3乗根は、先の記号を用いれば、

1、a、a^2

である。これらはそれぞれ点の位置を意味すると同時に、「0°の回転」「120°の回転」「240°の回転」をも意味している。この場合、0°の回転と、360°の回転、720°の回転、…は同じものとみなす。120°の回転、480°の回転、840°の回転、…も同様だ。

回転という操作に注目すると、(1、a、a^2)は群になっている。回転、というのはその数字を掛けることを意味している。

1、a、a^2に0°の回転をほどこしてみよう。

$1 \rightarrow 1$
$a \rightarrow a$
$a^2 \rightarrow a^2$

もちろん、まったく変化しない。これは、それぞれの要素に1を掛けたものであることも理解できよう。

次に120°の回転をほどこす。

今度は、それぞれの要素に a を掛けたものに置き換わる。

$$1 \to a$$
$$a \to a^2$$
$$a^2 \to a^3 = 1$$

240°の回転についても調べてみよう。

$$1 \to a^2$$
$$a \to a^3 = 1$$
$$a^2 \to a^4 = a$$

それぞれの要素に a^2 を掛けたものに置き換わる。

このように、1の3乗根はそれぞれを掛けることによって（回転させることによって）、それぞれを置き換える群になっている。繰り返しになるが、1は数字を意味すると同時に、0°の回転という操作をも意味している。a も、1以外の1の3乗根という数字を意味すると同時に、120°の回転という操作でもある。（1、a、a^2）が置換群である、というのは、回転という操作に続けて回転という操作をしてもやはり回転という操作になり、その結果、それぞれの数字が入れ替わるという意味だ。

まとめると、1の3乗根は、次の3つを要素とする置換群という構造を持っているのである。

（1、a、a^2）

同様にして、1の5乗根の置換群、1の7乗根の置換群が次のようになることも理解できよう。

（1、b、b^2、b^3、b^4）
（1、c、c^2、c^3、c^4、c^5、c^6）

これらはすべて、たった1つの要素ですべての要素をあらわすことができる、という非常に単純な群だ。1の3乗根の場合は、すべてaという要素の累乗で表現することができる。1も、a^3というようにaで表現できる。

図式3-15　1の3乗根の要素をすべて a^2 であらわす

$$a^2$$

$$(a^2)^2 = a^4 = a$$

$$(a^2)^3 = a^6 = 1$$

すべての要素を a で表現できる、と述べたが、同様にして、すべての要素を a^2 で表現することもできる（図式3－15）。

1の5乗根について、この性質を確かめてみよう。つまり、b、b^2、b^3、b^4 に同じ操作を繰り返し、他の要素がすべて出てくるかどうか、確かめてみる（図式3－16）。

b、b^2、b^3、b^4 のどれをもとにしても、その操作を次々に繰り返していけば、すべての要素が登場する。これは、b、b^2、b^3、b^4 はすべて平等であり、区別する必要がないことを意味している。

ここで数学用語を一つだけ導入する。1の3乗根、5乗根、7乗根の置換群の場合の1のように、何も変化させない要素を「単位元《たんいげん》」という。数学用語はできるだけ使わない、という方針を立ててここまで来たが、この単位元だけは勘弁してほしい。実は単位元という単語を使わないでこのあとを書いていったのだが、どうも話が冗長になり、しまりがなくなってしまうのだ。

図式 3-16　1の5乗根の要素を累乗し、すべての要素が出てくることを確かめる

○ $b^5=1$ であることに注意

◆ b の場合

$b \to b^2 \to b^3 \to b^4 \to b^5=1$

◆ b^2 の場合

$b^2 \to (b^2)^2=b^4 \to (b^2)^3=b^6=b \to (b^2)^4=b^8=b^3$

$\to (b^2)^5=b^{10}=1$

◆ b^3 の場合

$b^3 \to (b^3)^2=b^6=b \to (b^3)^3=b^9=b^4 \to (b^3)^4=b^{12}=b^2$

$\to (b^3)^5=b^{15}=1$

◆ b^4 の場合

$b^4 \to (b^4)^2=b^8=b^3 \to (b^4)^3=b^{12}=b^2 \to (b^4)^4=b^{16}=b$

$\to (b^4)^5=b^{20}=1$

いずれの場合も、すべての要素が出てきた。

整数の足し算の群では、「0」が単位元となることもすぐに理解できることと思う。また、それ以外の群では、一般に、単位元は「e」と表記することが多い。

実は、要素の数が素数である群は、すべての要素が単位元以外の要素の累乗であらわされるという非常に単純な構造を持っている。本書では証明は省略すると書いたが、この証明はいかにも群論らしい楽しさがあるので、246ページの巻末図式1で紹介することにする。

二項方程式の根もぐるぐる回る

119ページで示した通り、3次の二項方程式

$$X^3=2$$

の根は、1でない1の3乗根の1つをaとすると、次の3つになる。

$$\sqrt[3]{2}$$

$$\sqrt[3]{2}a$$

$$\sqrt[3]{2}a^2$$

図であらわしてみよう。

図式3-17を見ればわかる通り、この3つの根の置き換えは、「120°の整数倍の回転」となる。だから3次の二項方程式の根の置換群は、1の3乗根の置換群と同じになる。つまり、

$$(1,\ a,\ a^2)$$

図式 3-17　3次の二項方程式の3つの根

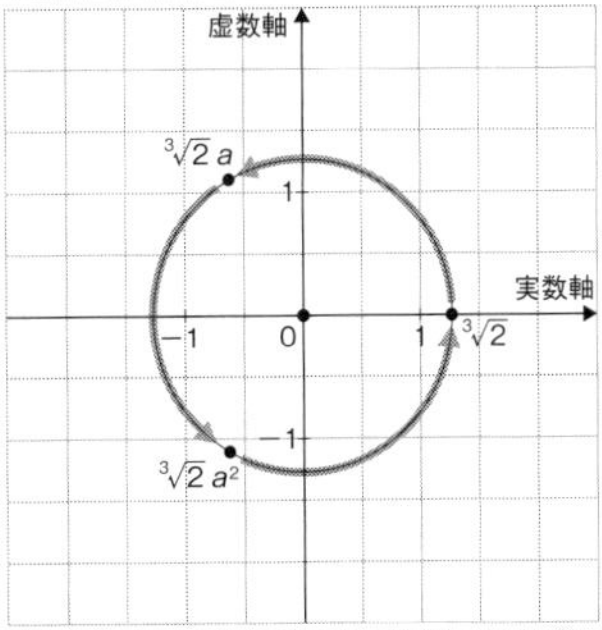

5次の二項方程式についても考えてみよう。

5次の二項方程式

$$X^5=2$$

の根は、1でない1の5乗根の1つをbとすると、次の5つになる。

$$\sqrt[5]{2}$$

$$\sqrt[5]{2}b$$

$$\sqrt[5]{2}b^2$$

$$\sqrt[5]{2}b^3$$

$$\sqrt[5]{2}b^4$$

やはり図を描いてみよう（図式3－18）。

この根の置き換えも、「72°の整数倍の回転」になる。だからその置換群は次の通りだ。

$$(1、b、b^2、b^3、b^4)$$

つまり、次数が素数である二項方程式の根の置換群の場合、その要素の数は素数となる。前述した通り、要素の数が素数である群は、すべての要素が単位元以外の要素の累乗であらわされるという、非常に単純な群なのである。

図式 3-18　5次の二項方程式の5つの根

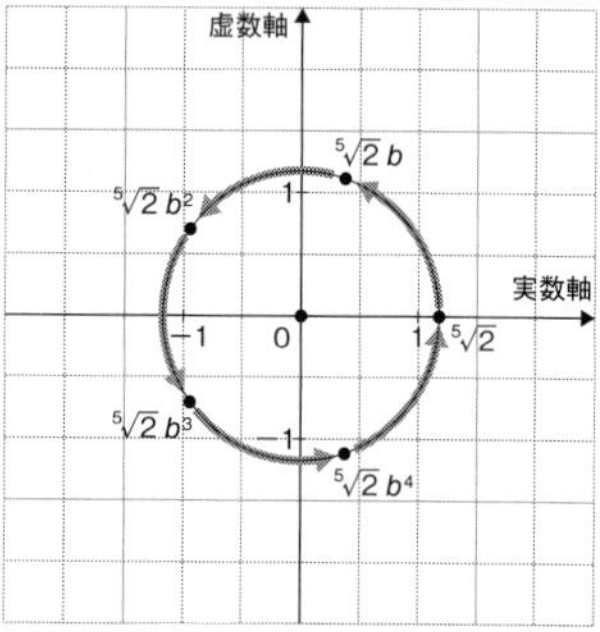

道しるべ

◉第３章

・１の n 乗根は、複素平面上の半径１の円を n 等分した点である。

・次数が素数である二項方程式の根について、その置換群の要素の数は、次数と同じ素数である。

第4章

なぜ根を置き換えるのか

図式 4-1

2次方程式の根と係数の関係

2次方程式

$$x^2+ax+b=0$$

の2根をα、βとすると、この方程式は次のように書ける。

$$(x-\alpha)(x-\beta)=0$$

展開して整理すると次のようになる。

$$x^2-(\alpha+\beta)x+\alpha\beta=0$$

係数を比較すると、次のような関係が示される。

$$\alpha+\beta=-a$$
$$\alpha\beta=b$$

根と係数の美しい関係

方程式を考えるうえで重要な意味を持つ、根と係数の関係を考えていく。方程式は、最高次の係数で全体を割ってやれば、いつでも最高次の係数を1にできる。だからここでは、最高次の係数が1である方程式を相手にする。

まず、2次方程式の場合から見ていこう。図式4−1のように考えていくと、2次方程式の2根をα、βとした場合、根と係数には次のような美しい関係があることがわかる。

$$\alpha+\beta=-a$$
$$\alpha\beta=b$$

図式
4-2
3次方程式の根と係数の関係

次の3次方程式について考える。

$$x^3+ax^2+bx+c=0$$

この3根をα、β、γとすると、この3次方程式は次のように書ける。

$$(x-\alpha)(x-\beta)(x-\gamma)=0$$

展開して整理すると次のようになる。

$$x^3-(\alpha+\beta+\gamma)x^2+(\alpha\beta+\beta\gamma+\gamma\alpha)x-\alpha\beta\gamma=0$$

係数を比較すると、次のような関係が示される。

$$\alpha+\beta+\gamma=-a$$
$$\alpha\beta+\beta\gamma+\gamma\alpha=b$$
$$\alpha\beta\gamma=-c$$

３次方程式についても、同じように考えていこう。

図式４－２の考察によって、３次方程式の場合は、つぎのような関係が成立することがわかる。

$$\alpha+\beta+\gamma=-a$$
$$\alpha\beta+\beta\gamma+\gamma\alpha=b$$
$$\alpha\beta\gamma=-c$$

この作業を続けていくと、何次の方程式でも、このような根と係数の美しい関係を導くことができる。

最初は1つだけの根の和
次はすべての根を2つずつ掛けたものの和
その次はすべての根を3つずつ掛けたものの和
その次はすべての根を4つずつ掛けたものの和
……

これらの式では、α、β、γ、…をどのように置換しても、全体の値は変わらないことは容易に見てとることができるだろう。このように、どのように置換しても変化しない式を「対称式」と呼んでいる。また、ここにあらわれた美しい対称式をとくに「基本対称式」と呼ぶ。「すべての対称式は基本対称式の有理式であらわすことができる」という定理がある。中学や高校で、これに関する練習問題をいろいろやらされたはずだ。たとえば、図式4-3のような計算は記憶に残っているのではないだろうか。

方程式を考える上で、これは非常に重要な定理だ。

方程式が与えられている、ということは、すべての係数が与えられているということを意味している。方程式の係数は、方程式の根の基本対称式（符号は無視する）である。つまり、根の基本対称式は、すべて既知なのだ。

図式
4-3
対称式を基本対称式であらわす

αとβについての基本対称式は、次の２つだ。

$$\alpha+\beta$$

$$\alpha\beta$$

したがって次の式は、対称式ではあるが、基本対称式の有理式ではない。

$$\alpha^2+\beta^2$$

これは、次のように変形すれば基本対称式の有理式となる。

$$\alpha^2+\beta^2=(\alpha+\beta)^2-2\alpha\beta$$

どんな対称式でも、基本対称式の有理式であらわすことができる。対称式というのは、根の置換で変化しない式だ。ということは、根の置換で変化しない式なら、どんな式でも、基本対称式からその値を求めることができることを意味する。

繰り返しになるが、方程式が与えられていれば、基本対称式の値は既知なのだ。だからすべての対称式の値は既知となる。根の置換で変化しないものは、根の基本対称式、つまり、方程式の係数に足す、引く、掛ける、割るの計算をしていけば、求めることができるのである。

しかし、求めることができる、と言っても、その計算は普通、容易ではない。大学の入試問題にはときどき、対称式を基本対称式の有理式であらわせ、という問題が出てくる（２４７ページの巻末図式２）。

むかし、複雑な対称式を、基本対称式であらわさなければならない羽目に陥ったことがある。最初は紙の上にボールペンで計算をはじめた。しかし、わたしの場合よくあることなのだが、そのうちわけがわからなくなってしまった。わたしの書く文字は非常に芸術的なので、書いた本人ですら判読が不可能になることがたびたびある。そのせいもあり、どこかで間違ったことは確かなのだが（なんと、その式が対称式ではなくなっていたのだ）、どこで間違ったのかはわからなかった。間違った箇所がわからなければ、修正することもできない。

幸い、Maximaというソフトに、対称式を基本対称式の有理式であらわすプログラムが含まれていることを知り、そのおかげで何とか問題を解くことはできたが、そのプログラムは残念ながら結果しか示してくれなかったので、最後まで自分がどこで間違ったのかはわからなかった。

また、わたしのぼろコンピュータはその計算をするのに数秒という時間を要した。いや、コンピュータにとってもこれは大変な計算だったのだな、と妙に納得したおぼえがある。

「すべての対称式は基本対称式の有理式であらわすことができる」、方程式に寄り添って表現すれば、「根の置換によって変化しない根の有理式は、もとの方程式の係数の有理式であらわすことができる」という定理が正しい、ということは証明されているが、その計算は容易ではない。もし、その計算をする必要に迫られたなら、コンピュータに手伝ってもらうことを推奨する。

対称式に関するこの定理を証明したのは、18世紀後半、ガロアよりも半世紀ほど前に活躍したウェアリングだ。ウェアリングの証明は、「アルゴリズムの探究」の時代のものであり、かなり

図式
4-4
根の置き換え

たとえば３つの根α、β、γに対して

$$\alpha+\beta+2\gamma$$

という有理式を考える。この有理式に対して、

$$\alpha\to\beta \quad \beta\to\alpha$$

という根の置き換えを実行すると次のようになる。

$$\beta+\alpha+2\gamma=\alpha+\beta+2\gamma$$

この場合、式の形は変化しない。しかし

$$\alpha\to\gamma \quad \gamma\to\alpha$$

という根の置き換えを実行すると次のようになり、式の形が変化してしまう。

$$\gamma+\beta+2\alpha=2\alpha+\beta+\gamma$$

ややこしい。しかし、現代のガロア理論を用いれば１秒で解決する。「構造を探究する数学」の威力を感じさせる瞬間でもある。

根を置き換えて式の形が変化するか

ここまで読めば、方程式を解くうえで、根の置換がいかに重要かが、納得できるだろう。第２章で、ラグランジュが方程式解法の鍵になる根の有理式を探した、と述べた。根の有理式が見つかっても、その値がわからなければ話にならない。そこで、まず最初に、図式４－４のように、根を置き換えてその式の形が変化するかを調べる必要がある。

根を置き換えても、式の形が変化しなかったら……。

そのときはラッキー。

それは、その式が対称式であることを意味しているので、もとの方程式の係数をもとにして、式の値を求めることができるのだ。式の値が求まったあとで、その値から方程式の根を求めることができるかは、また別の問題だ。つまり、それで問題解決というわけではないが、一歩前進であることは間違いない。

では、根を置き換えたとき式の形が変化するときはどうか。このときは、図式4-5のように、変化する式の形の個数が、素数であるかどうかで問題が分岐する。

まず、変化する式の形の個数が素数である場合を考えてみよう。このときは、根の置換群の要素の数も素数になる。証明はすこしややこしいので、省略しよう。

要素の数が素数である群は、前述した通り、すべての要素が単位元以外の要素の累乗であらわされるという非常に単純な群だ。

ある式fに根の置き換えをほどこしたら、fとは異なるg、hという式になったとしよう。つまりf、g、hという3つの異なる式になったので、この置換群の要素の数は3になる。変化しない要素をe、それ以外の要素の1つをpとすると、要素の数が素数なので、のこりの要素はpの累乗であらわされる。したがって、この置換群の要素は次の3つとなる。

$(e、p、p^2)$

図式 4-5　根を置き換えたときに変化する式の形の個数

４つの根α、β、γ、δの置き換え方は、p177で述べるように24通りある。

◆ 有理式　$\alpha+\beta+\gamma+\delta$

これは対称式なので、根の置き換えをして出てくる式の形は全部同じ、つまり変化する式の形の個数は１だ。

◆ 有理式　$\alpha+2\beta+3\gamma+4\delta$

この式で根の置き換えをするとすべて異なってしまう。全部確かめるのは大変なので、αをβに置き換え、βをαに置き換える場合を例示する。出てくる式は次のようになる。

$$\beta+2\alpha+3\gamma+4\delta$$

出てくる式の形がすべて異なるので、変化する式の形の個数は24となる。

◆ 有理式　$\alpha\beta+\gamma\delta$

この式では、α、β、γ、δをどのように置き換えても、出てくる式の形は次の３つに限られる。

$$\alpha\beta+\gamma\delta$$
$$\alpha\gamma+\beta\delta$$
$$\alpha\delta+\beta\gamma$$

つまり、変化する式の形の個数は３ということになる。

つまり、f に e をほどこせば当然 f になり、p をほどこせば g になり、p^2 をほどこせば h になる、というわけだ（g、h の順番はどうでもいいので、このように決めておく）。

次は、g に置換をほどこしていく。g は f に p をほどこしたという点に注意！

g に e をほどこせば当然 g になる。

g に p をほどこすということは、f に p をほどこしてさらに p をほどこすことを意味するので、f に p^2 をほどこすことと同じだ。つまり、h に変わる。

g に p^2 をほどこすことは、f に p をほどこして、さらに p^2 をほどこすことを意味するので、f に p^3 をほどこすことと同じだ。p^3 は e になる。つまり f に変わる。

最後に h に置換をほどこしていく。h は f に p^2 をほどこしたという点に注意！

h に e をほどこせば当然 h になる。

h に p をほどこすということは、f に p^2 をほどこして、さらに p をほどこすことを意味するので、f に p^3 をほどこすことと同じだ。p^3 は e になる。つまり f に変わる。

h に p^2 をほどこすことは、f に p^2 をほどこして、さらに p^2 をほどこすことを意味するので、f に p^4 をほどこすことと同じだ。p^4 は p になる。つまり g に変わる。

非常にややこしくて恐縮だが、整理していこう。

つまり、$f\ g\ h$という順番は、eをほどこした場合は$f\ g\ h$、pをほどこした場合は$g\ h\ f$、p^2をほどこした場合は$h\ f\ g$と変化する。順番は変わらずに、ぐるぐる回るだけである。たとえば$f\ h\ g$というように順番が変化することはない。

このようなおもしろいことが起こるのは、変化する値の数が、素数だからなのだ。すこしややこしいので、例によって証明は省略する。群論の基本を学べばこのことはすぐ出てくるので、興味のある方は本格的に群論を学んでほしい。

このおもしろい結果をうまく利用すれば、f、g、hを求めることができる。計算は省略するが、気になる人は２４９ページの巻末図式３を参照してほしい。

・eをほどこした場合

$f \to f$、$g \to g$、$h \to h$

・pをほどこした場合

$f \to g$、$g \to h$、$h \to f$

・p^2をほどこした場合

$f \to h$、$g \to f$、$h \to g$

このようにして、根の置換をほどこしたとき式の値が3つに変化する場合、その式の値を求めることができる。計算はさらにややこしくなるが、同じやり方で、5つに変化する場合、7つに変化する場合、……も求めることができる。

つまり根の置換をほどこしたとき、異なる式の形の数が素数の場合は、その式の値を求めることができるのである。これは、要素の個数が素数である群は、単位元以外の要素の累乗がすべての要素になる、という美しい性質のおかげなのだ。

では最後に、根の置換をほどこしたとき、変化する式の形が素数個ではなかったときはどうすればいいのか。

いまのところは、どうしようもない。

整理しよう。

①根の置換で変化しない根の有理式

↓もとの方程式の係数をもとに値を求めることができる。

②根の置換で変化する式の形の数が素数である根の有理式

↓次数がその素数である二項方程式を解くことでその値を求めることができる。

③根の置換で変化する式の形の数が素数ではない根の有理式
↓まあ、ワインでも飲むしかあるまい。ハイヤームよ、酒に酔うなら、楽しむがよい。チューリップの美女と共にいるのなら、楽しむがよい。……


方程式を解く場合、直接α、β、…を求めることができなければ、まずα、β、…の有理式を求める。その有理式の値を求めることができるかどうかは、α、β、…を置き換えてみればわかるのだ。このため、根の置き換えの構造が重要な意味を持つのである。

このことはガロア以前から知られていたが、これを十全に活用したのはガロアがはじめてだった。

２次方程式の根の置換群

一般の方程式は90ページの図式２－２のような形をしており、その置換群は二項方程式の根の置換群とはかなり様相を異にしている。二項方程式は誰でも１秒で解けるが、一般の方程式を解くのは難しいのだから、根の置換群の構造が違っているのも、当然といえば当然だ。

そもそも一般の方程式の根は普通、円周上に存在しているわけではない。だから回転によって置換群を表現することはできない。だから、二項方程式の根の置換群とはまったく異なる方法で調べていく必要がある。

根の置換群を考えるためには、当然、根を表現しなければならない。どう表現してもかまわないので、「りんご」「なし」「もも」…でもいいし、寿司屋にならって「松」「竹」「梅」…もいいかもしれない。赤穂浪士の合言葉にちなんで「山」「川」とし、あとは続けて「丘」「海」…などとするのも粋かもしれない。数学の本を開くと「1」「2」「3」…で根を表現しているものが多いが、ガロアは「a」「b」「c」…を採用している。ここではガロアにならうことにしよう。

ガロアは『第一論文』で2ヵ所、根の置換群を表現している。一つは1の累乗根を求める方程式の根の置換群、もう一つは4次方程式の根の置換群だ。その表現の方法は、現代の数学書とはちょっと違っているが、簡明でなかなかおもしろい。

2次方程式の根の置換群を、ガロア流に書くとこうなる。2次方程式の根をaとbとする。

$$\begin{array}{c} ab \\ ba \end{array}$$

これだけ見ても何が何だかわからないだろう。ガロア流の表記は、abを基準にして、それぞれ置き換えた結果を並べているのだ。つまり、
1行目　$ab \to ab$　もちろん何も変化しない。

2行目　$ab \to ba$　これは、abがbaに変わると言っている。つまり$a \to b$、$b \to a$だ。

2次方程式の根の置換群はこれで終わりだ。

せっかくだから、現在、数学でよく使われる表記も使ってみよう。

1行目は何も変わらないので、これをeとする。

2行目は、aがbに変わり、bはaに変わる。つまり（$a \to b \to a \to b$）とぐるぐる回っているので、その最小のサイクルを使って

$$(a\ b)$$

と書く。

現代の表記法を使うと、2次方程式の根の置換群の要素は、次の2つとなる。

$$e$$

$$(a\ b)$$

置換に続けて置換をほどこすときは、+とか×とかの演算記号を使わず、続けて書くのが普通だ。中には「・」を間にはさむ人もいるが、ここではそのまま続けて書くことにしよう。

2次方程式の根の置換群の計算が次のようになることは、容易に理解できるはずだ。

$$ee = e$$
$$e(a\ b) = (a\ b)$$
$$(a\ b)e = (a\ b)$$
$$(a\ b)(a\ b) = e$$

2次方程式の根の置換群の要素の数は2だ。つまり2次の二項方程式と同じになる。2次方程式は単純すぎるので、根の置換群が二項方程式と同じになってしまうのである。

3次方程式の根の置換群

3次方程式の根の置換群をガロア流に書く。ガロア流の表現は、$a\ b\ c$の可能な順列をただ並べることだ。順列の数は$3! = 3 \times 2 \times 1 = 6$となるので、3次方程式の根の置換群の要素は、次の6つになる。

abc
acb
bac
bca
cab
cba

これを現代流の、ぐるぐる回るサイクルで表現すると、次ページの図式4‐6のようになる。

整理すると、3次方程式の根の置換群の要素は、次の6つということになる。

e
$(a\ b)$
$(a\ c)$
$(b\ c)$
$(a\ b\ c)$
$(a\ c\ b)$

方程式を解くためには二項方程式を解かなければならないと述べた。二項方程式の根の置換群の要素の数は、素数である。3次方程式の根の置換群の個数は、素数ではない。ならば3次方程式を解くことはできないのではないか。

また、根の有理式について根の置換を行った場合、異なる式の形の数が1か素数であればその値を求めることができるが、素数でなければお手上げだとも述べた。3次方程式の根の有理式を

図式 4-6 3次方程式の根の置換群をぐるぐる回るサイクルであらわす

1行目　$abc \rightarrow abc$

何も変わらないので e

2行目　$abc \rightarrow acb$

a は変わらない。b は c になり、c は b になる。つまり、$(b\ c)$

3行目　$abc \rightarrow bac$

a は b になり、b は a になる。c は変わらない。つまり、$(a\ b)$

4行目　$abc \rightarrow bca$

a は b になり、b は c になり、c は a になる。つまり、$(a\ b\ c)$

5行目　$abc \rightarrow cab$

a は c になり、b は a になり、c は b になる。つまり、$(a\ c\ b)$

6行目　$abc \rightarrow cba$

a は c になり、c は a になる。b は変わらない。つまり $(a\ c)$

つくったとしても、根の置換を行って出てくる異なる式の形の数が素数でなければ、やはりワインを飲むしかないのではないか。

当然そのような疑問が生じるはずだ。

種明かしをすれば、３次方程式や４次方程式の根の置換群の中に、要素の数が素数である根の置換群の構造があることをガロアは発見するのである。次章からその発見の道のりをたどっていくつもりなので、乞うご期待。

また、この置換群は、１の累乗根や二項方程式の根の置換群とは異なり、交換法則が成り立たない。つまり、置換をほどこす順序によって結果が異なってくる（次ページの図式４－７）。

群論の難しさのほとんどは、この交換法則が成り立たない点に由来する。つまり、交換法則が成り立たない、という性質がいろいろな悪さをしてしまうのだ。

この置換群の構造については、もうちょっと準備をしてから検討していくことにする。

次は４次方程式の番だ。４つのものの順列は、4!＝４×３×２×１＝24となるので、４次方程式の根の置換群の要素の数は、24個になる。これをくわしく調べていくのはかなり大変だ。

これらの置換群と方程式の解法の関係をもっと調べてから、最後に４次方程式の根の置換群を検討するつもりだ。

図式 4-7 3次方程式の根の置換群は交換法則が成りたたない

たとえば、$(a\ b)$ に続けて $(b\ c)$ の置換を実行すると、

a は最初の置換で b になり、次の置換で b が c になる。

$$a \to c$$

b は最初の置換で a になり、次の置換では変わらない。

$$b \to a$$

c は最初の置換で変わらず、次の置換で b になる。

$$c \to b$$

結果は、

$$(a\ b)(b\ c) = (a\ c\ b)$$

今度は、$(b\ c)$ に続けて $(a\ b)$ を実行しよう。

a は最初の置換で変わらず、次の置換で b になる。

$$a \to b$$

b は最初の置換で c になり、次の置換では変わらない。

$$b \to c$$

c は最初の置換で b になり、次の置換で b が a になる。

$$c \to a$$

つまり、

$$(b\ c)(a\ b) = (a\ b\ c)$$

$(a\ b)(b\ c)$ の結果と、$(b\ c)(a\ b)$ の結果は異なるのだ。

ラグランジュからずいぶん遠くまで来てしまったので、ここらでちょっと整理してみよう。

①ラグランジュのスローガン→方程式の根を求められないときは、まず根の有理式を求めよう。

②根の有理式の値が求まるかどうかは、その有理式の根を置き換えてみればわかる。

③それなら、根の置き換えの構造、つまり根の置換群の構造を調べてみよう。

次章からいよいよ、ガロアの発見に迫っていく。

道しるべ

◉第４章

・方程式の係数は、根の基本対称式（符号は無視する）である。

・根の置換をしても変化しない根の有理式（つまり根の対称式）は、根の基本対称式の有理式であらわすことができる。つまり、もとの方程式の係数を用いて計算できる。

・根の置換をすれば素数個の異なった形になる根の有理式は、その素数次の二項方程式を解くことで値を求めることができる。

・根の置換をして変化する式の形の数が素数でない根の有理式→この時点ではお手上げ。

・2次方程式の根の置換群の要素の数は2。要素の数が素数である非常に単純な群となる。

・3次方程式の根の置換群の要素の数は6。この置換群は交換法則が成り立たない。普通、置換群は交換法則が成り立たない。

第5章 剰余類群をつくってみる

「伝家の宝刀」剰余類群

一般の方程式を解くためには、二項方程式を解く必要がある。

しかし、ここで一つ矛盾が生じる。

二項方程式の根の置換群は、要素の数が素数の群という非常に単純な群だった。

一般の方程式の根の置換群の要素の数は普通、素数ではないし、非常に複雑だ。

もとの方程式の根の置換をしたら、二項方程式の根も置き換わる。つまり、もとの方程式の根の置換群の中に、いまは見えていないが、要素の数が素数の群という非常に単純な構造があるはずなのだ。

ガロアはこの謎に挑戦する。

ここでは、その謎に挑戦するときに役に立つ武器を手に入れることにしよう。伝家の宝刀、その名も「剰余類群」である。


わたし自身がガロアの数学を勉強していたころ、最初につまずいたのが、この剰余類群のところだった。普通の数学書だったので、抽象的な記号がただただ羅列されるだけの説明を見ながら、いったいなにをやっているのか皆目見当がつかない状況に陥ってしまったのだ。

しかし、恐れる必要はない。わかってしまえば、あたりまえすぎるほどあたりまえな概念なのだ。問題は、最初から抽象的な議論をはじめたところにある。

そこで、ここでは中学入試問題に登場するカレンダー算という具体的な例をもとにして、剰余類群を説明していくことにする。

あまりを基準にした数学

カレンダー算とは、曜日と日数の関係を問う問題だ。たとえば基準となる日を0とし、その日が日曜日だとしよう。すると1が月曜日、2が火曜日、3が水曜日となる。

日曜日だけを集めると、0、7、14、21、…と、すべて7の倍数となる。

月曜日は1、8、15、22、…と、すべて7で割ったらあまりが1になる数だ。

火曜日は2、9、16、23、…と、7で割ったらあまりが2になる数になる。

同様にして水曜日はあまりが3、木曜日はあまりが4、金曜日はあまりが5、土曜日はあまりが6になる。

つまり、この計算では、7で割ったあまりが重要な意味を持つ。そこで、7で割ったあまりが同じなら同じ数だとみなそう、というのがこの計算の趣旨だ。この計算では通常、＝のかわりに≡という記号を使う。≡は「合同《ごうどう》」と読み、コンピュータやスマホでこの記号を呼び出したいときは、「ごうどう」と入力すればよい。

この記号を使ってこの原理を表現すると、次のようになる。

$0 \equiv 7 \equiv 14 \equiv 21 \equiv \cdots$

$1 \equiv 8 \equiv 15 \equiv 22 \equiv \cdots$

$2 \equiv 9 \equiv 16 \equiv 23 \equiv \cdots$

$3 \equiv 10 \equiv 17 \equiv 24 \equiv \cdots$

$4 \equiv 11 \equiv 18 \equiv 25 \equiv \cdots$

$5 \equiv 12 \equiv 19 \equiv 26 \equiv \cdots$

$6 \equiv 13 \equiv 20 \equiv 27 \equiv \cdots$

マイナスの数についても同じように考えればよい。

つまり、

$$\cdots -21 \equiv -14 \equiv -7 \equiv 0 \equiv 7 \equiv \cdots$$
$$\cdots -20 \equiv -13 \equiv -6 \equiv 1 \equiv 8 \equiv \cdots$$
$$\cdots -19 \equiv -12 \equiv -5 \equiv 2 \equiv 9 \equiv \cdots$$
$$\cdots -18 \equiv -11 \equiv -4 \equiv 3 \equiv 10 \equiv \cdots$$
$$\cdots -17 \equiv -10 \equiv -3 \equiv 4 \equiv 11 \equiv \cdots$$
$$\cdots -16 \equiv -9 \equiv -2 \equiv 5 \equiv 12 \equiv \cdots$$
$$\cdots -15 \equiv -8 \equiv -1 \equiv 6 \equiv 13 \equiv \cdots$$

この計算では、たとえば3、10、17は同じものとみなされる。わざわざ大きな数を使って面倒くさい思いをする必要はないので、普通は0、1、2、3、4、5、6をその代表として使用する。

基準となる日（0となる日）が日曜日だとして、次の日から1、2、…と数えていって100日目は何曜日か、という問題も、この計算を使えば簡単に解くことができる。100を7で割ると、商は14で、あまりが2になる。だから100日目は火曜日だとわかる。

また、ある年の1月1日が日曜日だとすれば、翌年の1月1日は閏年《うるうどし》でないかぎり、365日目にあたる。365を7で割ると、あまりは1になるので、翌年の1月1日は月曜日だ。

同様に考えて、閏年でないかぎり、次の年の同月同日は今年の同月同日と曜日が1つずれるということも、簡単にわかる。

カレンダー算では、普通の足し算、引き算、掛け算が可能であることは容易に見てとれるはずだ（図式5-1）。割り算については、ちょっと複雑になるので省略する。

小学生にこのカレンダー算を教えると、みんな面白がって計算に励んでくれる。かなり意外性があり、また計算も簡単なので、楽しくてたまらなくなるようなのだ。

このカレンダー算はとくに、整数論で絶大な威力を発揮する。入試でも、中学入試から大学入試まで、整数に関する問題ならば大活躍する。現在、算数・数学の普通のカリキュラムでは教えないことになっているようだが、このように楽しくてためになる数学なのだから、ぜひ教えてほしいものだ。

たとえば、差が6である素数の組を「セクシー素数」という。小さなセクシー素数を探すと、5、11、17、23、29が、5つ並んだセクシー素数だとわかる。セクシー5人娘というわけだ。そして、素数は無限に存在するが、5つ並んだセクシー素数、つまりセクシー5人娘はこの5人に限られる。カレンダー算を使えば、簡単にこのことを示すことができる（251ページの巻末図

図式
5-1

カレンダー算の足し算・引き算・掛け算

７を基準にしたカレンダー算を考える。

$$348 \div 7 = 49 \cdots 5 \qquad 37 \div 7 = 5 \cdots 2$$

なので、

$$348 \equiv 5 \qquad 37 \equiv 2$$

である。この２つの数について、大きな数のまま計算しても、小さな数に直してから計算しても、結果は変わらないことを確かめる。

※足し算

$348+37=385 \equiv 0$　（$385 \div 7=55$ だから）

$5+2=7 \equiv 0$

※引き算

$348-37=311 \equiv 3$　（$311 \div 7=44 \cdots 3$ だから）

$5-2=3$

※掛け算

$348 \times 37=12876 \equiv 3$

（$12876 \div 7=1839 \cdots 3$ だから）

$5 \times 2=10 \equiv 3$

式4)。

ガウスの大著『ガウス整数論』は、全編このカレンダー算について論じたものだ。

カレンダー算にあらわれる「部分群」

足し算という操作に注目すると、カレンダー算に群という構造があることは明らかだ。足し算(逆の計算である引き算も含む)の結果が、その要素を飛び出すことはないからだ。

ガロア流に表現すると、次のようになるだろう。


カレンダー算の群がSとTを含んでいれば、その群は必ず$S+T$を含む。


ではこの足し算の群について、もう少し考えていこう。

カレンダー算の足し算の群の場合、単位元は0になる。

先ほどは7を基準としたカレンダー算について述べたが、今度は12を基準としたカレンダー算について考えていこう。

まず、2に注目しよう。2に自分自身を次々に足していく。

2↓4↓6↓8↓10↓12≡0↓2↓…

あとは、この繰り返しになる。おもしろいことに、ここに出てきた（0、2、4、6、8、10）をそれぞれどのように加えていっても、この範囲を出ることはない。これはこれで、群になっているのだ。このように、ある群の一部がそれだけで群をなしている場合、これを「部分群《ぶぶんぐん》」という。

部分群も数学用語だが、部分の群だから部分群と言うのであって、それ以外の言いかえは非常に難しいので、これを使っていくことにする。

この部分群の要素の数は、6になる。

このようにして、他の部分群も探してみてほしい。

0はいくら足していっても0のままで、それ以外の数は出てこない。だから0は、それ1つだけで部分群をなしていると考える。つまり要素1つだけの群だ。

要素が1つだけなのに群だとは、用語が矛盾している、などと突っ込みたくもなるだろうが、ここは我慢、我慢。

さらにまた、ちょっと戸惑うかもしれないが、数学では全体の群も、1つの部分群と考えている。全体なのになんで「部分」群なんだ！　と文句を言いたくなるが、そのように例外なくすべ

図式 5-2　12を基準にしたカレンダー算の部分群

(0、1、2、3、4、5、6、7、8、9、10、11)
(0、2、4、6、8、10)
(0、3、6、9)
(0、4、8)
(0、6)
(0)

てを部分群と定義しておいたほうが、何かと便利なのだ。

この0だけの群と全体の群という2つの部分群は、どんな群にも存在するので、あたりまえな部分群、つまり「自明な部分群」と呼ばれている。それに対して、普通の意味での部分群、つまり、自明な部分群以外の部分群を「真の部分群」という。

12を基準とするカレンダー算の足し算の群の部分群は、図式5－2にある通りだ。それぞれの部分群で、その要素をどのように加えていっても、その部分群を飛び出すことがないことを確かめてみよう。たとえば(0、1、2)というような集合は、1＋2＝3となり、集合の枠を飛び出してしまうので部分群ではない。

12を基準とするカレンダー算の足し算の群の部分群の要素の数は、図式5－2に挙げた通り、12、6、4、3、2、1である。これは全体の群の要素の数12の約数だ。これを一般化したものがラグランジュの定理だ。

図式
5-3
要素の数が素数である群

5を基準とするカレンダー算のすべての要素について、自分自身を次々に足していく。

1…1+1=2、2+1=3、3+1=4、4+1=5 ≡ 0

2…2+2=4、4+2=6 ≡ 1、1+2=3、3+2=5 ≡ 0

3…3+3=6 ≡1、1+3=4、4+3=7≡2、2+3=5≡0

4…4+4=8≡3、3+4=7≡2、2+4=6 ≡1、1+4=5≡0

ラグランジュの定理

有限群の部分群の要素の数は、全体の群の要素の数の約数である。

では、要素の数が素数だったらどうなるのだろうか。

要素の数が5の、足し算の群を考えてみよう。その要素は、

0、1、2、3、4

の5つだ。140ページで述べた通り、要素の数が素数である群は、すべての要素が単位元以外の要素の累乗であらわされるという非常に単純な構造を持っている。この場合も当然、0以外の要素に、自分自身を次々に加えていくと、どの要素からもすべての要素が出現する（図式5-3）。

このように、要素の数が素数である群は、0以外の1つの要

素ですべての要素をあらわすことができる。つまり、要素の数が5の場合、単位元をe、それ以外の要素の1つをaとすると、すべての要素は次のようにあらわされる。

$$e$$
$$a$$
$$a+a$$
$$a+a+a$$
$$a+a+a+a$$

この表現はかなり煩雑だ。$a+a$は、aという操作を2回ほどこすという意味なので、これを普通a^2と書く。同様にして、他の要素も次のように書ける。

$$e$$
$$a$$
$$a^2$$
$$a^3$$
$$a^4$$

繰り返しになるが、群の要素の場合、a^2は$a \times a$を意味するのではなく、aという操作を2回ほどこす、つまりこの場合は$a+a$という意味になる。

これ以上単純な群は、単位元だけの群しかない。

だから、要素の数が素数である群を「単純群」と呼びたいところなのだが、単純群という用語には別の意味があるので、そのまま「要素の数が素数である群」と呼ぶことにする。

「剰余類群」は難しくない

12を基準としたカレンダー算の足し算の群を、材料として使うことにする。この群の要素は、0、1、2、…、11の12個だった。

まず3に自分自身を次々に加えていってできる部分群（0、3、6、9）について考えよう。この部分群に、この部分群には登場しない要素を1つ加えていく。まずは1を加えることにする。

0＋1＝1
3＋1＝4
6＋1＝7
9＋1＝10

（1、4、7、10）になった。もちろん、これは部分群ではない。たとえば1＋4＝5で、5はこの集合に含まれていないからだ。こういうふうに部分群からつくった集合を「剰余類」という。

では、これまで登場していない要素、どれでもいいので5にしよう。部分群の要素に5を加えていく。

$$0+5=5$$
$$3+5=8$$
$$6+5=11$$
$$9+5=14\equiv 2$$

新しい剰余類は（2、5、8、11）だ。

部分群や剰余類を表記する場合、要素の順番は関係ないことに注意してほしい。つまり、（2、5、8、11）と表記しようと、（11、2、5、8）と表記しようと、（2、5、11、8）と表記しようと、すべて同じ剰余類を意味しているのである。

これで12を基準としたカレンダー算の足し算の群のすべての要素が、1つの部分群と2つの剰余類に類別できた。

体育館に、生徒が50人集まっている。

まず5人を選び、（先鋒《せんぽう》　次鋒《じほう》　中堅　副将　大将）に任命する。これで、柔道の団体戦のチームが１つ、できあがる。これをチーム⓪としよう。チーム⓪を雛型として、残りの45人の中から生徒を選んでいく。まず雛型の先鋒に対応する１人、次に雛型の次鋒に対応する１人、という具合に５人を選ぶと、チームが１つ完成する。これをチーム①としよう。

こうやって、雛型のチームに対応するように残りの生徒の中から生徒を１人ずつ選んでいくと、チーム②、チーム③、…、チーム⑨と、50人の生徒をぴったりと類別することができる。

剰余類というのは、このように、まず雛型のチームをつくり（これが部分群に相当する）、それにきちんと対応するように群の中の他の要素を選んでいって、雛型のチームと同じ人数のチームをどんどんつくっていくことと同じなのだ。

ここで面白いことが起こる。これらの部分群、剰余類どうしを計算しても、それぞれの剰余類は変化しないのだ。つまり、体育館に集まった生徒を各チームに類別し、チームどうしで団体戦を戦わせることが可能なのだ。

部分群（0、3、6、9）を⓪、（1、4、7、10）を①、（2、5、8、11）を②として、すべての計算を実行してみよう。チームどうしの団体戦ならば、⓪対①、⓪対②、①対②ですべての対戦が終了するが、部分群、剰余類どうしの計算では、⓪対⓪なども含め、９通りの計算を検討しなければならない（図式５－４）。

図式 5-4　部分群⓪、剰余類①②をすべて戦わせる

⓪＋⓪

0+0=0、0+3=3、0+6=6、0+9=9

3+0=3、3+3=6、3+6=9、3+9=12 ≡ 0

6+0=6、6+3=9、6+6=12 ≡ 0、6+9=15 ≡ 3

9+0=9、9+3=12 ≡ 0、9+6=15 ≡ 3、9+9=18 ≡ 6

結果は（0、3、6、9）となった。つまり、

⓪＋⓪=⓪

⓪＋①

0+1=1、0+4=4、0+7=7、0+10=10

3+1=4、3+4=7、3+7=10、3+10=13 ≡ 1

6+1=7、6+4=10、6+7=13 ≡ 1、6+10=16 ≡ 4

9+1=10、9+4=13 ≡ 1、9+7=16 ≡ 4、9+10=19 ≡ 7

結果は（1、4、7、10）。つまり、

⓪＋①=①

⓪＋②

0+2=2、0+5=5、0+8=8、0+11=11

3+2=5、3+5=8、3+8=11、3+11=14 ≡ 2

6+2=8、6+5=11、6+8=14 ≡ 2、6+11=17 ≡ 5

9+2=11、9+5=14 ≡ 2、9+8=17 ≡ 5、9+11=20 ≡ 8

結果は（2、5、8、11）。つまり、

⓪＋②=②

①＋⓪

交換法則が成り立つので、

①＋⓪＝⓪＋①＝①

①＋①

1+1=2、1+4=5、1+7=8、1+10=11

4+1=5、4+4=8、4+7=11、4+10=14 ≡ 2

7+1=8、7+4=11、7+7=14 ≡ 2、7+10=17 ≡ 5

10+1=11、10+4=14 ≡ 2、10+7=17 ≡ 5、

10+10=20 ≡ 8

結果は（2、5、8、11）。つまり、

①＋①＝②

①＋②

1+2=3、1+5=6、1+8=9、1+11=12 ≡ 0

4+2=6、4+5=9、4+8=12 ≡ 0、4+11=15 ≡ 3

7+2=9、7+5=12 ≡ 0、7+8=15 ≡ 3、7+11=18 ≡ 6

10+2=12 ≡ 0、10+5=15 ≡ 3、10+8=18 ≡ 6、

10+11=21 ≡ 9

結果は（0、3、6、9）。つまり、

①＋②＝⓪

②＋⓪

交換法則が成り立つので、

②＋⓪＝⓪＋②＝②

②＋①

交換法則が成り立つので、

②＋①＝①＋②＝⓪

②＋②

2+2=4、2+5=7、2+8=10、2+11=13 ≡ 1
5+2=7、5+5=10、5+8=13 ≡ 1、5+11=16 ≡ 4
8+2=10、8+5=13 ≡ 1、8+8=16 ≡ 4、8+11=19 ≡ 7
11+2=13 ≡ 1、11+5=16 ≡ 4、11+8=19 ≡ 7、
11+11=22 ≡ 10

結果は（1、4、7、10）。つまり、

②＋②＝①

すべての計算で、部分群と2つの剰余類はそのまま維持される。つまり、この部分群と2つの剰余類は、それぞれを要素として群になっているのだ。

これが、剰余類群である（図式5－5）。

この剰余類群の要素の数は3だ。これは12÷4で求めることができる。つまり、

（全体の群の要素の数）÷（部分群の要素の数）＝（剰余類群の要素の数）

だ。

もう1つ、剰余類群をつくってみよう。今度は部分群（0、4、8）で考えてみる。これを部分群⓪としよう。ここに出てこない要素1を、この部分群の要素に加えていくと、

0＋1＝1

4＋1＝5

8＋1＝9

という計算により、剰余類（1、5、9）ができる。剰余類①だ。次は、これまで出てきていない要素2を加える。

$$0+2=2$$
$$4+2=6$$
$$8+2=10$$

となり、剰余類は（2、6、10）だ。剰余類②である。さらに、まだ出てきていない要素3を加えていく。

$$0+3=3$$
$$4+3=7$$
$$8+3=11$$

これで最後の剰余類（3、7、11）が出てきた。剰余類③だ。では、剰余類どうしを計算してみよう。すべて計算するのは大変なので、剰余類①（1、5、9）と剰余類②（2、6、10）を計算してみる。

図式
5-5

カレンダー算の剰余類群（1）

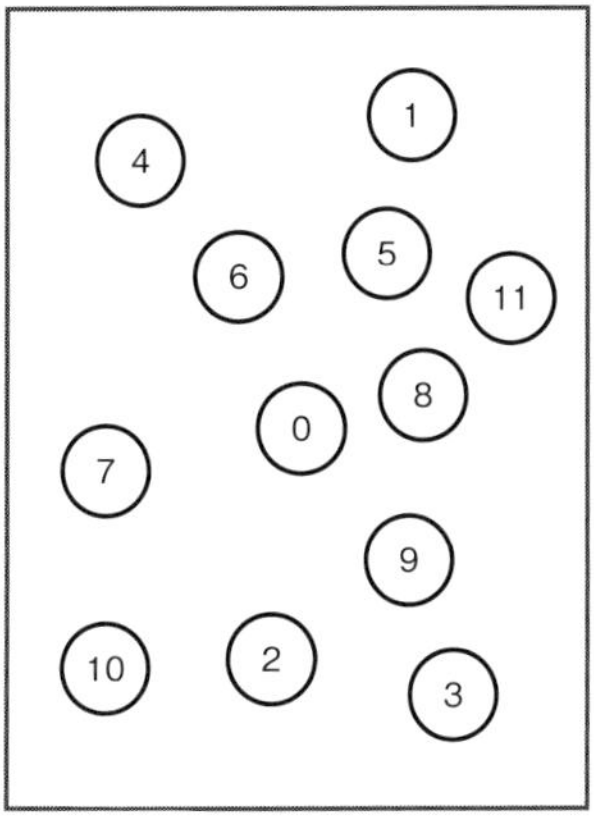

12を基準とした
カレンダー算の群

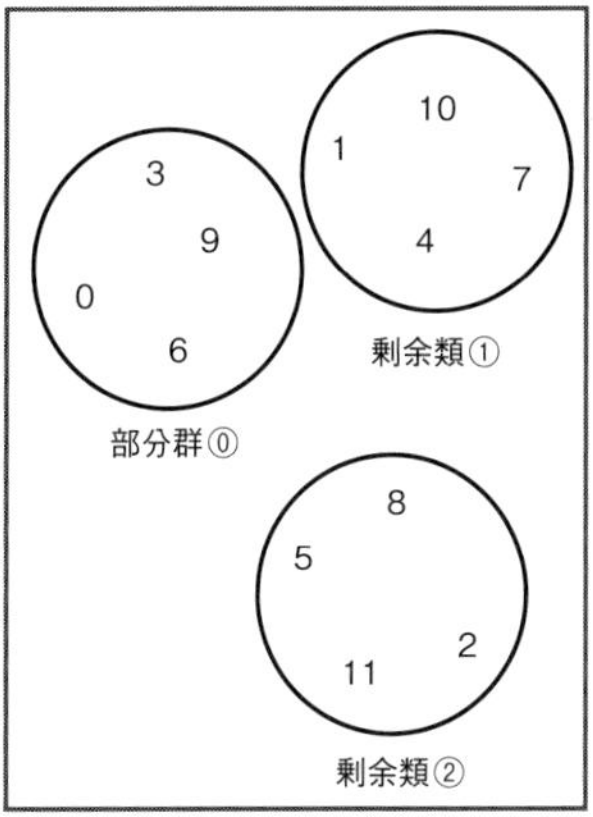

12 を基準としたカレンダー算の、部分群⓪（0、3、6、9）による剰余類群

$$1+2=3$$
$$1+6=7$$
$$1+10=11$$

$$5+2=7$$
$$5+6=11$$
$$5+10=15\equiv 3$$

$$9+2=11$$
$$9+6=15\equiv 3$$
$$9+10=19\equiv 7$$

となり、剰余類③（3、7、11）が出てきた。計算の結果、剰余類は維持されている。剰余類群になっているのである（図式5-6）。

この剰余類群の要素の数は4だ。これは、12÷3で求められる。

剰余類のつくり方を整理しておこう。

いま、有限群Gの中に部分群Hがあったとする。Hに含まれていない要素aをHに作用させて

$$Ha$$

をつくる。これが最初の剰余類だ。次に、これまで出てこなかった要素bについて、同じことをする。

図式 5-6　カレンダー算の剰余類群（2）

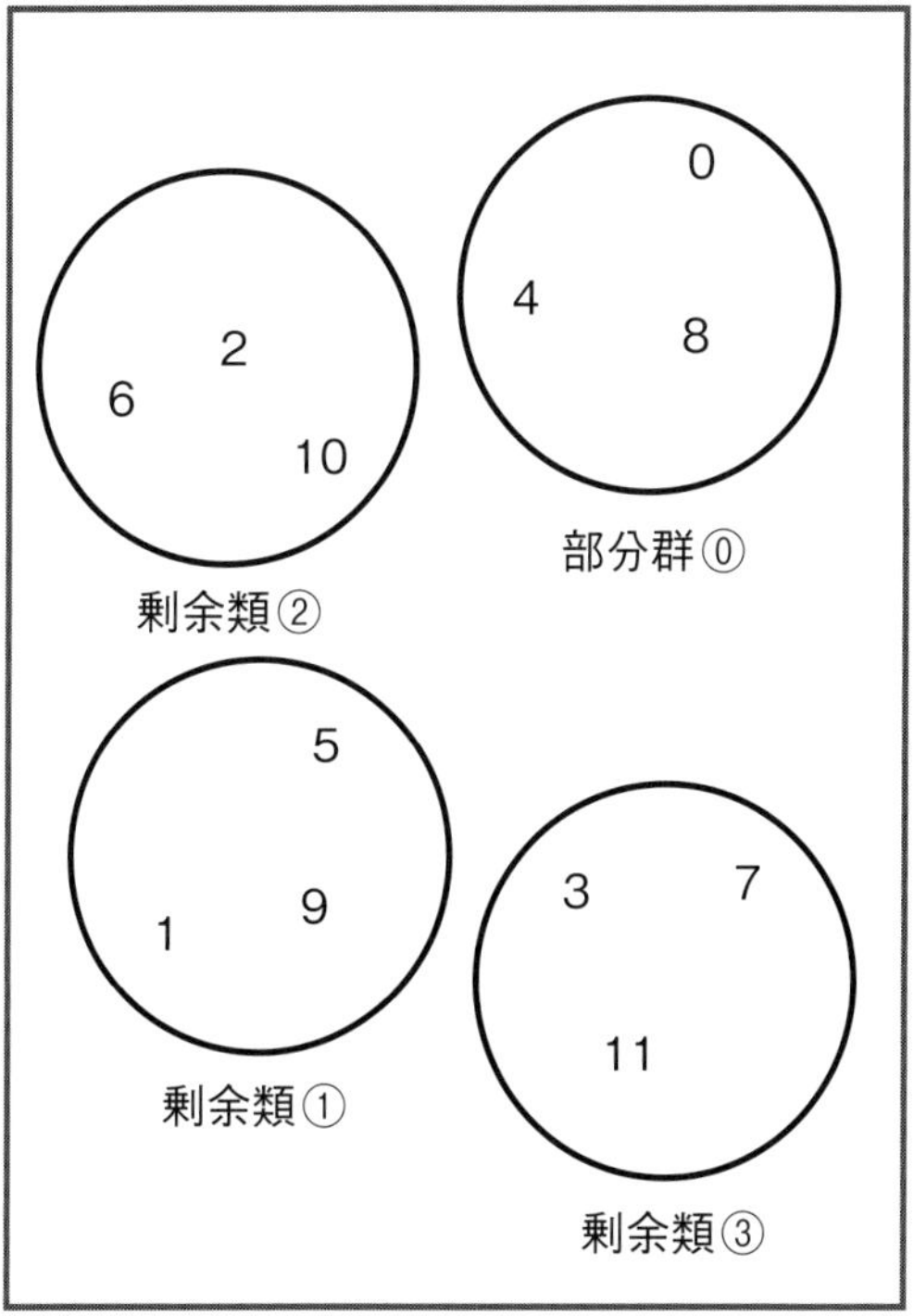

12 を基準としたカレンダー算の、
部分群⓪（0、4、8）による剰余類群

$$Hb$$

これが2番目の剰余類だ。この作業を続ける。もともとの群が有限群だったから、この作業はいつか終わる。結局、次のようになる。

$$G = H + Ha + Hb + \cdots$$

こうやってつくった部分群Hと剰余類Ha、Hb、…が群をなすとき、これを剰余類群という。この剰余類群は、次章で大活躍する。

道しるべ

◉**第５章**

・群に部分群が存在すれば、その群は、部分群と剰余類に類別される。

・部分群と剰余類を要素として計算していった場合、それが群になれば、それを剰余類群という。

第6章

正規部分群

方程式を解くためには、二項方程式を解かなければならない。素数次の二項方程式の、根の置換群の要素の数は、素数だ。ということは、代数的に解くことのできる方程式の根の置換群の中にも、要素の数が素数である群の構造がなければならない。

3次方程式には根の公式がある。つまり、代数的に解くことができる。それなのに、3次方程式の根の置換群は、その要素の数が素数になっていないのだ。

3次方程式の根の置換群の中に剰余類群があり、その要素の数が素数となるのだ、というようなことになってくれれば話がうまいが、そうは問屋がおろさないのである。

3次方程式の根の置換群の要素は、次の6つだ。

$$e$$
$$(a\ b)$$
$$(a\ c)$$
$$(b\ c)$$
$$(a\ b\ c)$$
$$(a\ c\ b)$$

この中に剰余類群があるのかどうか、調べていこう。まず、部分群を探し出す必要がある。部分群を探し出すもっとも原始的な方法は、単位元とそれ以外の適当な要素を選び出し、それらを

図式
6-1

3次方程式の根の置換群の部分群

単位元以外に$(a\ b)$という要素を選び、相互に作用させてみる。

$$ee = e$$
$$e(a\ b) = (a\ b)$$
$$(a\ b)e = (a\ b)$$
$$(a\ b)\ (a\ b) = e$$

この結果、次の部分群が求まった。

$\{e$、$(a\ b)\}$

相互にすべて作用させていって、その結果を並べる、というものだ。

とりあえずこの方法で、部分群を1つ、つくってみよう。図式6－1の考察によって、次の2つを要素とする部分群が求まった。

e
$(a\ b)$

では、この部分群をもとにして、剰余類をつくっていこう。次ページの図式6－2の考察によれば、この部分群による剰余類は、剰余類①と剰余類②の2つということになる。

では、剰余類①と剰余類②を作用させてみよう。すべての組み合わせを計算する必要がある。

図式
6-2

部分群をもとに剰余類をつくる

部分群 {e、$(a\ b)$} の各要素に、まず $(a\ c)$ を作用させる。

$e(a\ c) = (a\ c)$

e は単位元なので $(a\ c)$ は変わらない

$(a\ b)(a\ c) = (a\ b\ c)$

・最初のカッコ $(a\ b)$ で $a \to b$、
次のカッコ $(a\ c)$ で b は不変。したがって $a \to b$

・最初のカッコ $(a\ b)$ で $b \to a$、
次のカッコ $(a\ c)$ で $a \to c$。したがって $b \to c$

・最初のカッコ $(a\ b)$ で c は不変。
次のカッコ $(a\ c)$ で $c \to a$。したがって $c \to a$

まとめると、$a \to b \to c \to a$　つまり $(a\ b\ c)$

したがって最初の剰余類①は次のようになる。

{$(a\ c)$、$(a\ b\ c)$} ……①

次にこれまで出てきていない (b c) を作用させる。

$e(b\ c) = (b\ c)$

e は単位元なので $(b\ c)$ は変わらない

$(a\ b)\ (b\ c) = (a\ c\ b)$

・最初のカッコ $(a\ b)$ で $a \to b$、
次のカッコ $(b\ c)$ で $b \to c$。したがって $a \to c$

・最初のカッコ $(a\ b)$ で $b \to a$、
次のカッコ $(b\ c)$ で a は不変。したがって $b \to a$

・最初のカッコ $(a\ b)$ で c は不変。
次のカッコ $(b\ c)$ で $c \to b$。したがって $c \to b$

まとめると、$a \to c \to b \to a$　つまり $(a\ c\ b)$

これを剰余類②とする。

{$(b\ c)$、$(a\ c\ b)$} ……②

これですべての要素が類別できた。

結果は、

$$(a\ c)(b\ c)=(a\ b\ c)$$
$$(a\ c)(a\ c\ b)=(a\ b)$$
$$(a\ b\ c)(b\ c)=(a\ c)$$
$$(a\ b\ c)(a\ c\ b)=e$$
$$(b\ c)(a\ c)=(a\ c\ b)$$
$$(a\ c\ b)(a\ c)=(b\ c)$$
$$(b\ c)(a\ b\ c)=(a\ b)$$
$$(a\ c\ b)(a\ b\ c)=e$$

e
$(a\ b)$
$(a\ c)$
$(b\ c)$
$(a\ b\ c)$
$(a\ c\ b)$

となった。

剰余類①に剰余類②を作用させた結果は、どの剰余類とも異なるものとなった。もとの群全体になってしまったのである。剰余類が崩壊してしまったのだ。

体育館に集まった生徒をチームに類別し、試合をはじめようとしたら、各チーム間に熾烈な引き抜き工作がはじまり、チームが崩壊してしまった、というような状況だ。

163ページで述べたように、置換群では普通、交換法則が成り立たない。カレンダー算の足し算の群と置換群とのもっとも大きな違いは、カレンダー算の足し算の群では交換法則が成り立つが、置換群では成り立たない、という点だ。

そして交換法則が成り立たない群では、普通このように、剰余類が群になることはない。

シュヴァリエへの遺書

ここで、ガロアに直接、登場してもらおう。以下はガロアが死の前日、「ぼくには時間がない」と殴り書きしながら書き綴った、親友シュヴァリエへの遺書の一節だ。

まずは、わけのわからない解説から。

> 第Ⅰ論文の定理ⅡとⅢによれば、方程式に補助方程式の根のひとつを添加する場合と、すべての根を添加する場合に、大きな違いがあることがわかる。
>
> どちらの場合も、方程式の群は添加により、同じ置換によって互いに移行する群へと分解する。しかしこれらの群が同じ置換を含むという条件は、第2の場合にしか成立しない。これは固有分解と呼ばれている。

何を言っているのか理解できないと思う。これは『第一論文』の難解な説明にもとづいた記述だ。ポアソンが、理解できない、と言って論文を突き返したのも、この部分のせいなのかもしれない、と思う。

これに続く説明は、『第一論文』にはなかったものだ。ところが、これが実に明快なのだ。

別の言葉で説明しよう。群Gが異なる群Hを含むとき、群Gは次のように、群Hに同じ置換をほどこしたものに分解する。

$$G = H + HS + HS' + \cdots$$

同様にして次のように同じ置換をほどこしたものへも分解しうる。

$$G = H + TH + T'H + \cdots$$

これらふたつの分解は普通は一致しない。これらの分解が一致するとき、この分解は固有分解と呼ばれる。

これは群の剰余類への類別のことを述べているのだ。なお、ガロアは「固有分解と呼ばれる」と、「固有分解」という表現が昔からあったかのように書いているが、このことを人類最初に発見したのはガロアなので、当然、このような意味で固有分解という言葉を使ったのは、ガロアが最初ということになる。

先に使った記号を用いて、ちょっと説明を加えよう。

有限群Gに部分群Hがあった場合、Hに含まれていない要素aをHに作用させて、

$$Ha$$

をつくる。これが最初の剰余類だ。

交換法則が成り立たない群の場合、要素を作用させる順番が重要になる。この場合は、Hの右からaを作用させた。当然、左から作用させることもできる。そのときできる剰余類は

$$aH$$

だ。この2つは普通、一致しない。しかし、ときに一致することもある。すべての要素について、言い換えればa以外のb、c、…についても一致するとき、つまり、

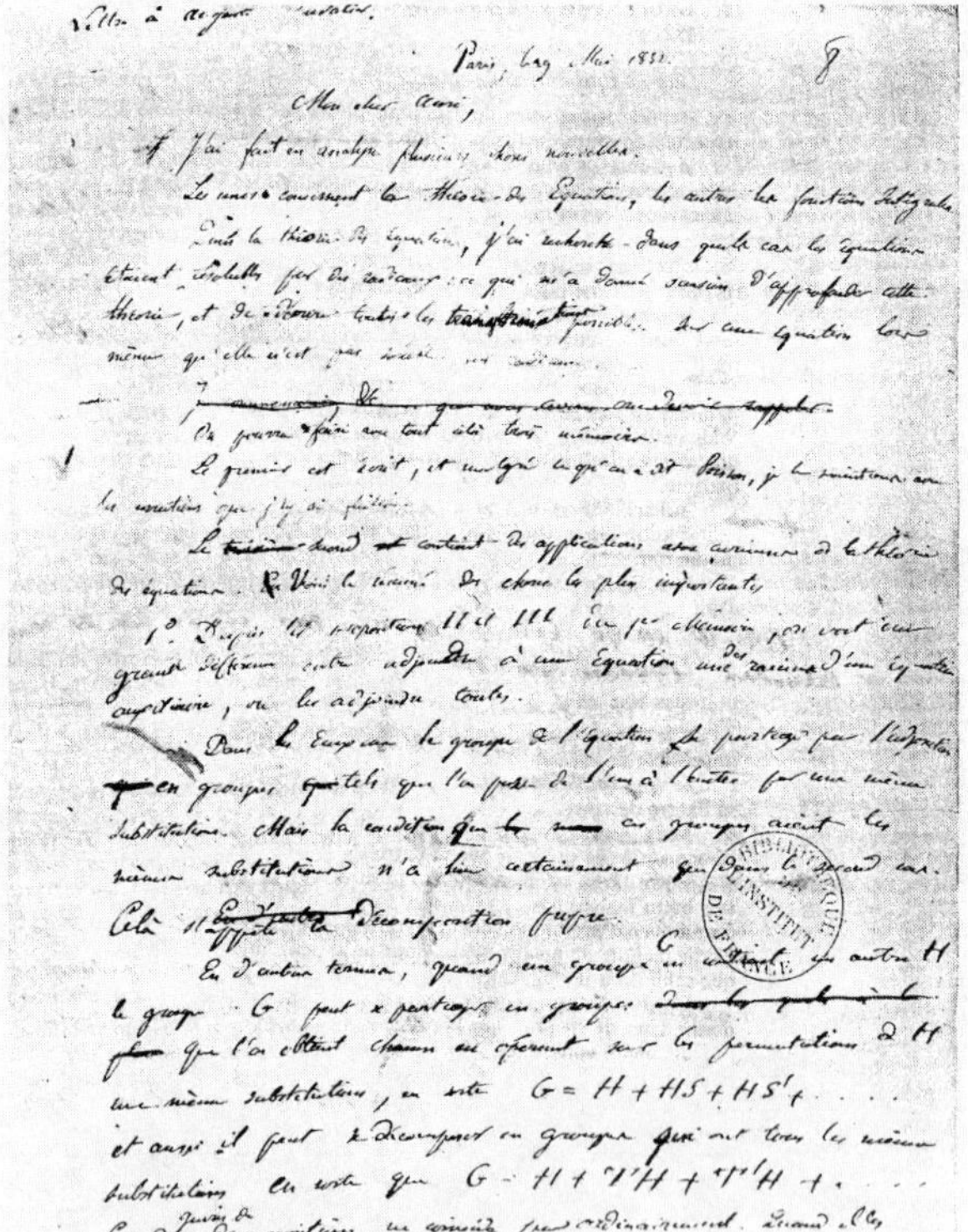

シュヴァリエに宛てたガロアの遺書。右下方に「$G=H+HS+HS'+$…」や、「$G=H+TH+T'H+$…」の文字が読みとれる。

$$Ha = aH$$
$$Hb = bH$$
$$Hc = cH$$
$$\cdots$$

のとき、固有分解が起こる、とガロアは言っているのである。固有分解という言葉は生き残ることはなかった。現代では、固有分解が起こるときの部分群Hを「正規部分群」と呼んでいる。

固有分解が起こるとき

3次方程式の根の置換群で、ガロアの言っていることを確かめてみよう。

Gは全体の群、Hはさきほど用いた部分群$\{e、(a\ b)\}$とする。まず、さきほどのようにHの右から、「同じ置換$(a\ c)$をほどこ」し、次にHの左から同じ置換をほどこしてみよう。

ガロアの言う通り、右からほどこした場合と左からほどこした場合では一致しない。つまりこのとき、固有分解は起こらない（次ページの図式6－3）。

では、固有分解が起こるのはどのようなときなのか。3次方程式の根の置換群については、部分群$\{e、(a\ b\ c)\ (a\ c\ b)\}$に対して固有分解が起こる。確かめてみよう（図式6－4）。

この部分群に対して、右と左からここに登場しない置換$(a\ b)$を作用させてみる。

図式 6-3　右からの置換と左からの置換

$(a\ c)$ を右からほどこした場合

$$\begin{pmatrix} e \\ (a\ b) \end{pmatrix}(a\ c)=\begin{pmatrix} e(a\ c) \\ (a\ b)(a\ c) \end{pmatrix}=\begin{pmatrix} (a\ c) \\ (a\ b\ c) \end{pmatrix}$$

$(a\ c)$ を左からほどこした場合

$$(a\ c)\begin{pmatrix} e \\ (a\ b) \end{pmatrix}=\begin{pmatrix} (a\ c)e \\ (a\ c)(a\ b) \end{pmatrix}=\begin{pmatrix} (a\ c) \\ (a\ c\ b) \end{pmatrix}$$

両者は一致しないので固有分解は起こらない。

右から作用させても、左から作用させても、同じ結果になった。このときは固有分解が起こるのだ。

固有分解が起こる場合でも、一つ一つの要素についての交換法則は成り立たない。この場合も、たとえば、

$$(a\ b\ c)(a\ b) = (b\ c)$$
$$(a\ b)(a\ b\ c) = (a\ c)$$

と、右から作用させた場合と左から作用させた場合では結果は異なる。しかし、全体としてみれば一致するのだ。

3次方程式の根の置換群の要素の数は6なので、部分

図式 6-4　固有分解が起こるとき

$(a\ b)$ を右からほどこした場合

$$\begin{pmatrix} e \\ (a\ b\ c) \\ (a\ c\ b) \end{pmatrix}(a\ b)=\begin{pmatrix} e(a\ b) \\ (a\ b\ c)(a\ b) \\ (a\ c\ b)(a\ b) \end{pmatrix}=\begin{pmatrix} (a\ b) \\ (b\ c) \\ (a\ c) \end{pmatrix}$$

$(a\ b)$ を左からほどこした場合

$$(a\ b)\begin{pmatrix} e \\ (a\ b\ c) \\ (a\ c\ b) \end{pmatrix}=\begin{pmatrix} (a\ b)e \\ (a\ b)(a\ b\ c) \\ (a\ b)(a\ c\ b) \end{pmatrix}=\begin{pmatrix} (a\ b) \\ (a\ c) \\ (b\ c) \end{pmatrix}$$

右からの置換と左からの置換が同じ結果になる。

群

$\{e、(a\ b\ c)、(a\ c\ b)\}$

に対して、剰余類は

$\{(a\ b)、(a\ c)、(b\ c)\}$

のみとなる。この部分群と剰余類を相互に作用させても、部分群や剰余類が崩壊したりはしない。剰余類群になっているのである。

全部確かめるのは大変なので、剰余類どうしを作用させてみよう。それぞれ要素が3つずつあるので、9通りの計算をする必要がある。

$$(a\ b)\ (a\ b)=e$$
$$(a\ b)(a\ c)=(a\ b\ c)$$
$$(a\ b)(b\ c)=(a\ c\ b)$$
$$(a\ c)(a\ b)=(a\ c\ b)$$
$$(a\ c)\ (a\ c)=e$$
$$(a\ c)(b\ c)=(a\ b\ c)$$
$$(b\ c)(a\ b)=(a\ b\ c)$$
$$(b\ c)(a\ c)=(a\ c\ b)$$
$$(b\ c)\ (b\ c)=e$$

結果は、$\{e$、$(a\ b\ c)$、$(a\ c\ b)\}$と、めでたく部分群になった。

このように、ある部分群Hが、すべての要素aに対して

$$Ha=aH$$

が成立するとき、部分群Hとその剰余類は、剰余類群になる。ガロアの言い方にならえば、固有分解が起こる。

ガロアは『第一論文』の中で、正規部分群について非常に難解な説明をしている。『第一論文』を書いた時点では、正規部分群のこの単純明快な性質については気づいていなかったようだ。

もし、『第一論文』を書いた時点でガロアが正規部分群のこの性質に気づいていたなら、ポアソンが「理解できない」と言って論文を突き返すこともなく、その後のガロアの人生や、数学の歴史が大きく変わっていたのではないか、と思うと、複雑な気持ちになる。

わかってしまえば、正規部分群とその剰余類が剰余類群になるというのはアッタリマエのことだと思えてくる。コロンブスの卵そのものだ。なぜアッタリマエなのかを、次ページの図式６－５で説明する。

普通、交換法則が成り立たない部分群とその剰余類は、群にはならない。しかし正規部分群のように、一つ一つの要素では交換法則が成り立たなくても、部分群と各要素の間で交換法則が成り立てば、剰余類群になるのである。

また、言うまでもないことだが、単位元だけの部分群、つまり（e）もまた、正規部分群だ。なぜなら部分群（e）に、その群に含まれている要素aを右から作用させようが左から作用させようが、結果は変わらないからである。

図式 6-5 正規部分群と剰余類はなぜ剰余類群になるのか

いま正規部分群 H と、それに属さない要素 a、H にも Ha にも属さない要素 b があったとする。a も b も群の要素なので、それを作用させれば別の要素になる。その要素を c とすると、

$$ab = c$$

である。正規部分群 H による剰余類は次のようになる。

$$Ha \qquad Hb \qquad Hc \quad \cdots$$

いま、剰余類 Ha と剰余類 Hb を作用させてみよう。

$$HaHb$$

H は正規部分群なので、$Ha = aH$。だから式の中間にある aH を Ha に取り換えることができる。正規部分群だからこそ可能な操作だ。

$$HaHb = HHab$$

H は部分群なので、その要素どうしを作用させてもその部分群を飛び出さない。だから $HH = H$ となる。また $ab = c$ なのでそれを代入する。

$$HaHb = HHab = Hc$$

剰余類 Ha と剰余類 Hb を作用させたら、剰余類 Hc になった。剰余類は崩壊しない。つまり、正規部分群と剰余類は、剰余類群になるのである。

計算の泥沼の中での発見

あらためて強調しよう。正規部分群Hとは、その群に含まれる任意の要素aに対して

$$Ha = aH$$

が成り立つ部分群である。

正規部分群についてのこの説明を聞いて、なんだ、そんな簡単なことだったのか、と気が抜けてしまった方もいるかもしれない。また、この発見がそんなにすごいことなのか、と疑問に思った方もいるだろう。

これはすごい発見だった。これによって、方程式を代数的に解くことに関して、そのすべてを明らかにしたのだから。

また、こんな簡単なことを発見するのが難しかったのか、と思う方もいるだろう。ガロア以前、多くの数学者が置換群を研究した。

一般の5次方程式が代数的に解けないことを最初に証明したルフィニは、5次方程式の根の置換群の要素120個の一覧表をつくり、それらを互いに作用させ、さまざまな実験をしながら研究を進めたと伝えられている。

想像を絶する、うんざりする作業だったはずだ。

「ラグランジュの定理」を引っ張り出すまでもなく、ラグランジュもまた、群、とくに置換群を研究した。

コーシーもまた、群についていくつもの定理を発見している。

これら、数学史に残る巨人たちが、長い時間をかけて置換群を研究したにもかかわらず、誰も正規部分群に気づかなかった。

みな、ガロアと同じ風景を見ていたのである。しかし正規部分群の存在に気づいたのはガロアだけだったのだ。

ガロアがどのようにして正規部分群を発見したのかはわかっていない。しかし、ガロアの『第一論文』を読めば、方程式を解くための式変形を繰り返し、その原理を何とか探ろうと奮闘するなかで正規部分群に気づいた、というのはほぼ間違いないと思われる。ガロアもまた、計算の泥沼を這いずり回りながら、正規部分群を発見したのだ。

3次方程式の解法の秘密

3次方程式の場合、根の置換群の要素の数は6だ。6の約数は1、2、3、6なので、真の部分群としては、要素の数が2のものと3のものが考えられる。図式6-3、図式6-4で検証したように、要素の数が2の部分群は正規部分群ではないが、要素の数が3の部分群は正規部分群だ。6÷3=2なので、その剰余類群の要素の数は2になる。2は素数だ。

方程式を累乗根で解くことができるかどうかは、剰余類群の要素の数が鍵となるのである。剰余類群一世一代の大舞台だ。

この時点で、3次方程式の根α、β、γの有理式のうち、正規部分群の置換で不変な式の値はすべて求まることがわかる。

もし、その式が剰余類の置換でも不変なら、すべての置換で不変ということになり、これは、もとの方程式の根の基本対称式、つまり、もとの方程式の係数であらわすことができる。

その式が剰余類の置換で変わるのなら、その変化は剰余類群の要素の数、つまり素数となるので、二項方程式を解くことによって求めることができる。

前述したとおり、求めることができる、と言っても、その計算は容易ではない。しかしガロアは、その計算が可能であることを証明した。具体的な計算をすることなく、ガロアは計算の限界を見切ったのである。

正規部分群の置換で不変な値が求まった。では、次の段階に進もう。

正規部分群の要素の数は3なので、これは素数だ。だから先に求めた値を用いて3次の二項方程式をつくれば、今度はeでのみ不変の式の値を求めることができる。

eで不変、他の置換で変化する有理式としては、

α、β、γ

も含まれる。つまり、3次方程式の根が求まる、というわけだ。

ここまで来ると、方程式を解く鍵となる根の有理式がどのような形をしているか、などは問題にならない。実際の形がどうであれ、すべての有理式について、正規部分群が示す群の構造が、その値を求めることができるのかどうかを判定してくれるのだ。つまり、具体的な計算をすることなく、計算の限界を見切ったのである。

つまり、この段階に至れば、方程式がどうのということすら、問題ではなくなっているのだ。方程式の根という「数の世界」を覆っていた闇がすべてぬぐわれ、「群の世界」の構造によっ

て、完璧に語りつくすことができるようになったのである。

ここで３次方程式の解法について整理しておこう。

３次方程式の根の置換群の要素の数は６で、最初の正規部分群の要素の数は３だ。したがって、剰余類群の要素の数は６÷３で２になる。これは最初に解く二項方程式の次数が２であることを意味している。

正規部分群の要素の数は３なので、これ以上分解する必要はなく、３次の二項方程式を解けばいい。

１０３ページで、３次方程式を解くためには

$$X^2 = A$$
$$X^3 = B$$

という二項方程式を解く必要があると述べたが、置換群の構造から、それが必然であったことが明らかになったわけだ。

また、１０９ページの図式２－８で、３次方程式の解法の鍵となる根の有理式を２つ紹介したが、この２つは根の置換群によってまったく同じように変化していく。鍵となる根の有理式は、

根の置換群によって同じように変化すればいいので、実はこれ以外にも無限に存在する。ただし、そんな根の有理式を見つけても、計算がややこしくなるだけなので、意味はない。3次方程式を解くための計算は、ここにある「フォンタナ＝カルダノの公式で鍵となる有理式」を用いるのがもっとも簡明である。

4次方程式の解法の秘密

4次方程式の場合、根の置換群の要素の数は、24だ。24の約数は1、2、3、4、6、8、12、24なので、真の部分群としては要素の数が2、3、4、6、8、12のものが考えられる。それぞれの部分群について、

$$aH = Ha$$

が成り立つかどうかを確かめていけば、それが正規部分群であるかどうかがわかる。現代ではもっと効率的な正規部分群の発見法がわかっているが、ここでそれに触れる必要はないだろう。

図式 6-6

要素の数が 12 の正規部分群の左右から $(a\ b)$ を作用させる

$$
\begin{pmatrix} e \\ (a\ b)(c\ d) \\ (a\ c)(b\ d) \\ (a\ d)(b\ c) \\ (a\ b\ c) \\ (a\ b\ d) \\ (a\ c\ b) \\ (a\ c\ d) \\ (a\ d\ b) \\ (a\ d\ c) \\ (b\ c\ d) \\ (b\ d\ c) \end{pmatrix} (a\ b) = \begin{pmatrix} e(a\ b) \\ (a\ b)(c\ d)(a\ b) \\ (a\ c)(b\ d)(a\ b) \\ (a\ d)(b\ c)(a\ b) \\ (a\ b\ c)(a\ b) \\ (a\ b\ d)(a\ b) \\ (a\ c\ b)(a\ b) \\ (a\ c\ d)(a\ b) \\ (a\ d\ b)(a\ b) \\ (a\ d\ c)(a\ b) \\ (b\ c\ d)(a\ b) \\ (b\ d\ c)(a\ b) \end{pmatrix} = \begin{pmatrix} (a\ b) \\ (c\ d) \\ (a\ c\ b\ d) \\ (a\ d\ b\ c) \\ (b\ c) \\ (b\ d) \\ (a\ c) \\ (a\ c\ d\ b) \\ (a\ d) \\ (a\ d\ c\ b) \\ (a\ b\ c\ d) \\ (a\ b\ d\ c) \end{pmatrix}
$$

$$
(a\ b) \begin{pmatrix} e \\ (a\ b)(c\ d) \\ (a\ c)(b\ d) \\ (a\ d)(b\ c) \\ (a\ b\ c) \\ (a\ b\ d) \\ (a\ c\ b) \\ (a\ c\ d) \\ (a\ d\ b) \\ (a\ d\ c) \\ (b\ c\ d) \\ (b\ d\ c) \end{pmatrix} = \begin{pmatrix} (a\ b)e \\ (a\ b)(a\ b)(c\ d) \\ (a\ b)(a\ c)(b\ d) \\ (a\ b)(a\ d)(b\ c) \\ (a\ b)(a\ b\ c) \\ (a\ b)(a\ b\ d) \\ (a\ b)(a\ c\ b) \\ (a\ b)(a\ c\ d) \\ (a\ b)(a\ d\ b) \\ (a\ b)(a\ d\ c) \\ (a\ b)(b\ c\ d) \\ (a\ b)(b\ d\ c) \end{pmatrix} = \begin{pmatrix} (a\ b) \\ (c\ d) \\ (a\ d\ b\ c) \\ (a\ c\ b\ d) \\ (a\ c) \\ (a\ d) \\ (b\ c) \\ (a\ b\ c\ d) \\ (b\ d) \\ (a\ b\ d\ c) \\ (a\ c\ d\ b) \\ (a\ d\ c\ b) \end{pmatrix}
$$

右からでも左からでも同じ剰余類が出てくる。

図式 6-7　要素の数が4の正規部分群の左右から $(a\ b\ c)$ を作用させる

$$\begin{pmatrix} e \\ (a\ b)(c\ d) \\ (a\ c)(b\ d) \\ (a\ d)(b\ c) \end{pmatrix}(a\ b\ c) = \begin{pmatrix} e(a\ b\ c) \\ (a\ b)(c\ d)(a\ b\ c) \\ (a\ c)(b\ d)(a\ b\ c) \\ (a\ d)(b\ c)(a\ b\ c) \end{pmatrix} = \begin{pmatrix} (a\ b\ c) \\ (a\ c\ d) \\ (b\ d\ c) \\ (a\ d\ b) \end{pmatrix}$$

$$(a\ b\ c)\begin{pmatrix} e \\ (a\ b)(c\ d) \\ (a\ c)(b\ d) \\ (a\ d)(b\ c) \end{pmatrix} = \begin{pmatrix} (a\ b\ c)e \\ (a\ b\ c)(a\ b)(c\ d) \\ (a\ b\ c)(a\ c)(b\ d) \\ (a\ b\ c)(a\ d)(b\ c) \end{pmatrix} = \begin{pmatrix} (a\ b\ c) \\ (b\ d\ c) \\ (a\ d\ b) \\ (a\ c\ d) \end{pmatrix}$$

右からでも左からでも同じ剰余類が出てくる。

4次方程式の根の置換群には、要素の数が12の正規部分群が存在する。この正規部分群の右と左から、そこに含まれない要素（$a\ b$）を作用させて、同じ剰余類が出現することを確かめてみよう（図式6－6）。

同じ剰余類が出てきた。本当はすべての置換について、右から作用させても左から作用させても同じ剰余類が出てくることを確かめなければならないが、あまりにも面倒くさいのでそれは勘弁してほしい。

これは、要素の数が2の剰余類群になる。だから、2次の二項方程式を解くことで、この正規部分群の置換で不変な値を求めることができる。

要素の数が12の正規部分群の中には、要素の数が4の正規部分群がある。そこに含まれない要素（$a\ b\ c$）を右と左から作用させて、同じ剰余類が出てくることを確かめる（図式6－7）。

同じ剰余類が出てきた。つまり、これは正規部分群で

図式
6-8
要素の数が２の正規部分群の
左右から $(a\ c)(b\ d)$ を作用させる

$$\begin{pmatrix} e \\ (a\ b)(c\ d) \end{pmatrix}(a\ c)(b\ d)=\begin{pmatrix} e(a\ c)(b\ d) \\ (a\ b)(c\ d)(a\ c)(b\ d) \end{pmatrix}=\begin{pmatrix} (a\ c)(b\ d) \\ (a\ d)(b\ c) \end{pmatrix}$$

$$(a\ c)(b\ d)\begin{pmatrix} e \\ (a\ b)(c\ d) \end{pmatrix}=\begin{pmatrix} (a\ c)(b\ d)e \\ (a\ c)(b\ d)(a\ b)(c\ d) \end{pmatrix}=\begin{pmatrix} (a\ c)(b\ d) \\ (a\ d)(b\ c) \end{pmatrix}$$

右からでも左からでも同じ剰余類が出てくる。

ある。この剰余類群の要素の数は３で、素数だ。だから、３次の二項方程式を解くことで、この正規部分群で不変な値を求めることができる。

要素の数が４の正規部分群の中に、要素の数が２の正規部分群がある。そこに含まれていない要素（$a\ c$）（$b\ d$）を右と左から作用させて、同じ剰余類が出てくることを確かめる（図式６－８）。

同じ剰余類が出てきた。この剰余類群の要素の数は２で、素数だ。だから、２次の二項方程式を解くことで、この正規部分群で不変な値を求めることができる。最後の正規部分群の要素は２で素数だ。だから２次の二項方程式を解けば、方程式の根を求めることができる。

１０３ページで、４次方程式を解くためには

$$X^2 = A$$
$$X^3 = B$$
$$X^2 = C$$
$$X^2 = D$$

という二項方程式を次々に解いていかなければならないと述べた。どうしてそうなのか、が根の置換群の構造から明らかになったわけだ。

最初の正規部分群の要素の数は12なので、解くべき二項方程式の次数は24÷12で2になる。

次の正規部分群の要素の数は4なので、解くべき二項方程式の次数は12÷4で3になる。

その次の正規部分群の要素の数は2なので、解くべき二項方程式の次数は4÷2で2になる。

最後の正規部分群の要素の数も2なので、2次の二項方程式を解く、というわけである。

道しるべ

◉第6章

・部分群Hが、もとの群の任意の要素aに対して

$$Ha = aH$$

が成り立つとき、Hを正規部分群という。

・正規部分群とその剰余類は、群をなす。剰余類群である。

・方程式の根の置換群の中に正規部分群があり、その剰余類群の要素の数が素数であった場合、二項方程式を解くことによって、その正規部分群で不変な値を求めることができる。

その正規部分群の中に、さらに正規部分群があり、その剰余類群の要素の数が素数であれば、二項方程式を解くことによって、その正規部分群で不変な値を求めることができる。

この作業を繰り返し、最後の正規部分群の要素の数が素数であれば、二項方程式を解くことによって、もとの方程式の根を求めることができる。

終章

数の深淵

5次方程式の解明

方程式の根の置換群の中に正規部分群があり、その剰余類群の要素の数が素数である。さらにその正規部分群の中に、また正規部分群があり、その剰余類群の要素の数が素数である。最後の正規部分群が素数になるまで、この状況が続く。

これが、方程式が代数的に解けるための必要十分条件だ。

この観点に沿って、5次方程式を分析していこう。

方法は簡単だ。根性さえあれば、小学生でも可能だ。

まず5次方程式の根の置換群を数え上げる。要素の数は120だ。

そして、その部分群をすべて求める。120の約数は1、2、3、4、5、6、8、10、12、15、20、24、30、40、60、120なので、要素の数がそれになる部分群が存在する可能性がある。

すべての部分群が見つかれば、それぞれが正規部分群であるかどうかを確かめる。これもやり方は簡単だ。すべての要素に対して、

$$Ha = aH$$

が成り立っているかどうかを確かめればいいだけなのだから。

そして最後に、その剰余類群の要素の数が素数であるかどうかを確かめる。

しかし、一つ一つの作業は簡単だとしても、これはかなり面倒くさい。

結果はわかっている。５次方程式の根の置換群の要素の数は120だが、その中に要素の数が60の正規部分群が存在する。

その剰余類群の要素の数は2だ。だから2次の二項方程式を解くことによって、この正規部分群の置換で不変な根の有理式の値を求めることができる。

しかし、その次がないのだ。その次の正規部分群は｛e｝となってしまい、その剰余類群の要素の数は60である。60は素数ではない。したがって、一般の5次方程式を代数的に解くことはできない。

数学者というのは、なんとかズルをしてラクをしようと、いつも目をキョロキョロさせている連中だ。この問題についても、いくつかズルい方法が見つかっている。

一つは、置換の型に注目するというやり方だ。置換には次のような型がある。

・2つの要素がぐるぐる回る→（a b）

・3つの要素がぐるぐる回る→（a b c）

⋮

・2つの要素がぐるぐる回り、それとは無関係の2つの要素がぐるぐる回る→（a b）（c d）

・2つの要素がぐるぐる回り、それとは無関係の3つの要素がぐるぐる回る→（a b）（c d e）

⋮

などなど。4次方程式の根の置換群の要素の数は24だ。215ページの図式6-6の中にその要素が出てきているが、型によって分類すると、次のようになる。

・単位元……1個

・2つの要素がぐるぐる回る……6個

・3つの要素がぐるぐる回る……8個
・4つの要素がぐるぐる回る……6個
・2つの要素がぐるぐる回り、それとは無関係の2つの要素がぐるぐる回る……3個
最初の正規部分群の要素は、すべて次の3つの型で、合計12個だ。
・単位元……1個
・3つの要素がぐるぐる回る……8個
・2つの要素がぐるぐる回り、それとは無関係の2つの要素がぐるぐる回る……3個
次の正規部分群の要素は、すべて次の2つの型で、合計4個だ。
・単位元……1個
・2つの要素がぐるぐる回り、それとは無関係の2つの要素がぐるぐる回る……そのうち1個
次の正規部分群の要素は、次の2つの型で、合計2個だ。

このように、正規部分群には同じ型の置換が集まるという性質がある。この性質を利用して、

正規部分群を求めていくのだ。

しかし、これを実行するためには、置換の型に関するいくつかの定理を証明していかなければならないので、ここでは省略する。『13歳の娘に語るガロアの数学』ではこの方法を用いたので、興味のある方は参照してほしい。交換子を利用するという方法もある。これはかなりエレガントなやり方で、たとえばアルティンの『ガロア理論入門』（寺田文行訳、東京図書）では、わずか数行でこの問題を解決している。しかしこれは、わたしに言わせれば、理解しても納得できない、という類の証明だ。『方程式のガロア群』ではこの方法を用いた。

ガロアの『第一論文』では、まったく異なった方法をとる。ガロアは、

累乗根で解くことのできる素数次の n 次既約方程式の群はどのようなものか？

と問題を立て、

「素数次既約方程式が累乗根で解ける」⇔「すべての置換が $k \to ak+b$ の形になっている」

という定理を証明する。そして、その定理にもとづき、代数的に解くことのできる5次方程式

の根の置換群を実際に求めた。その要素の数は20だ。先に述べた通り、一般の5次方程式の根の置換群の要素の数は60までしか縮小できない。要素の数20にははるかに届かないのだ。

これは、一般の5次方程式を代数的に解くことはできないという新しい証明だったが、すでにアーベルが証明しているので、たいしたことではない、とでも思ったのか、ガロアはそのことについてとくに言及したりはしていない。

方程式を超えて

ガロアはさらに、もう一歩先に進む。

ここまでは、一般の2次方程式、3次方程式、4次方程式、5次方程式について論じてきた。しかし5次方程式に限らず、6次方程式、7次方程式、…の中にも、累乗根で解くことのできるものがある。どういう方程式は累乗根で解くことが可能で、どういう方程式は不可能なのか、ガロアはこの問題に踏み込んでいく。

ガロアは具体的な方程式が与えられたとき、それをもとにして、「ガロア方程式」なるものを構成する。そしてガロア方程式から、「ガロア群」を導く。

ガロア群とは何か、また、それはどのようにつくるのか、という問題はかなり難しくなるので省略する。とにかく、そのガロア群を見れば、その方程式が累乗根で解けるのかどうか一目瞭然となる。一般の2次方程式、3次方程式、4次方程式、5次方程式のガロア群は、さきほど見た通り、2個、3個、4個、5個のものを置き換えるすべての置換を含む置換群になる。

ひとことでまとめれば、ガロアは、方程式を超え、代数的数の構造を完璧に明らかにした、と言えるのだ。代数的数とは、整数を係数とする代数方程式の根となる数のことである。代数的数が与えられれば、それを根とする代数方程式が決まり、ガロア群も決まる。そしてそのガロア群を見れば、その代数的数の性質がわかるのだ。

まさに、数の世界の計算の泥沼から飛翔し、ガロア群の世界から数の世界を俯瞰してみせたのである。

ガロアが切り開いた数の地平

ガロア以前、数の世界の構造が意識されることはなかった。

足す、引く、掛ける、割るを自由に行うことのできる数の世界では、1が存在すれば、自動的にすべての有理数が出現する。1に足す、引く、掛ける、割るの計算を行えば、すべての有理数を生み出すことができるからだ。

有理数の世界は、水のようなもので、これといった構造は存在しない。有理数の世界に別の有理数を投げ込んでも、その有理数はその世界に溶け込んでいってしまうからだ。

しかし、累乗根の場合はそういかない。足す、引く、掛ける、割るの計算によっても、その累乗根は有理数の世界に溶け込んで消えてしまうわけではないからだ。

たとえば

$$\alpha = \sqrt[3]{2}$$

という数を有理数の世界に投げ込むと、この世界の数はすべて次のようにあらわされる。

$$a\alpha^2 + b\alpha + c \qquad a、b、c は有理数$$

αは3乗すれば2になってしまうので、αの3乗以上の累乗は、有理数かαかα^2になる。ま

図式
7-1 分母の有理化の例

右の式の分母を有理化してみよう。 $\frac{1}{\alpha - 1}$

$\alpha = \sqrt[3]{2}$ なので、$\alpha^3 = 2$ だ。

分母、分子に $\alpha^2 + \alpha + 1$ を掛けると、

$$\frac{1}{\alpha - 1} = \frac{1 \times (\alpha^2+\alpha+1)}{(\alpha-1)(\alpha^2+\alpha+1)} = \frac{\alpha^2+\alpha+1}{\alpha^3+\alpha^2+\alpha-\alpha^2-\alpha-1}$$

$$= \frac{\alpha^2+\alpha+1}{\alpha^3-1} = \frac{\alpha^2+\alpha+1}{2-1} = \alpha^2+\alpha+1$$

となる。

た、分母にαの式が出てくれば、適当に有理化すると分母は有理数になる（図式7－1）。結局、有理数の世界にαを投げ込んだ場合、その世界の数はすべて右のようなかたちに秩序づけられるのである。ひとつの構造が生まれるのだ。

また、有理数に次の数を投げ込んでみよう。

$$\beta = \sqrt[5]{2 + \sqrt[3]{2}}$$

この場合はちょっと複雑になるが、やはり数の世界は β を中心として秩序づけられることになる。

また図式7－2のように、有理数の世界に β を投げ込むだけで、足す、引く、掛ける、割るが自由に行えるので、自動的にαが登場する。

図式7-2　有理数の世界にβを投げ込むと自動的にαが登場する

両辺を5乗する。　$\beta=\sqrt[5]{2+\sqrt[3]{2}}$

したがって、　$\beta^5=2+\sqrt[3]{2}$

つまり、　$\beta^5-2=\sqrt[3]{2}$

$\alpha=\beta^5-2$

つまり、有理数にβを投げ込んだ数の世界は、有理数にαを投げ込んだ数の世界を含んでいる。有理数に累乗根を投げ込んだ世界には、このような階層的な構造も存在している。

累乗根を含む数の世界は、有理数に累乗根を次々に投げ込んでいって形成されるのである。

ここで注意すべきは、αもβも図式7－3のように、代数方程式の根であるという点だ。

したがって、有理数にさまざまな累乗根を投げ込んだ数の世界は、代数方程式の根の置換群に関係することになる。

このとき、有理数にさまざまな代数方程式の根を投げ込んだ数の世界と、代数方程式の根の置換群の世界とは、一対一に対応する。これを現代では「ガロア対応」と呼んでいる。ガロア自身はガロア対応について明示的に言及していないが、『第一論文』やシュヴァリエへの遺書を読めば、ガロアがこのことをはっきりと意識していたことがうかがわれる。

その後、群の構造の研究が進むにつれ、数の世界の構

図式
7-3

累乗根α、累乗根βは、代数方程式の根である

$$\alpha = \sqrt[3]{2}$$

$$\alpha^3 = 2$$

$$\alpha^3 - 2 = 0$$

なので、αは

$$x^3 - 2 = 0$$

の根である。

$$\beta = \sqrt[5]{2+\sqrt[3]{2}}$$

$$\beta^5 = 2+\sqrt[3]{2}$$

$$\beta^5 - 2 = \sqrt[3]{2}$$

$$(\beta^5 - 2)^3 = 2$$

$$\beta^{15} - 6\beta^{10} + 12\beta^5 - 8 = 2$$

$$\beta^{15} - 6\beta^{10} + 12\beta^5 - 10 = 0$$

なので、βは

$$x^{15} - 6x^{10} + 12x^5 - 10 = 0$$

の根である。

造もだんだんと明らかになっていった。ガロアは、無明の闇に包まれていた数の世界に、明るく輝く灯明をともしたのである。

　ガロアが発見した群の構造は、その後、数学のさまざまな分野で発見され、それが数学の研究に非常に有用であることがわかってきた。現代のガロア理論では、方程式についての記述などごくわずかなものとなってしまっている。

　現代数学の論文を見ると、ガロア○○という表記が頻出している。ガロアが数学の歴史に革命を引き起こしたことは間違いない。

実数の世界の闇

　ガロアが切り開いた数の深淵について、もうすこし、つけ加えよう。

　ピタゴラスの弟子、メタポンティオンのヒッパソスは、有理数の累乗根の中には有理数で表現できない数があることを発見し、命を縮めることとなった。

　それから二千年以上の年月が流れ、ガロアは、方程式の根の中には、有理数の累乗根では表現できない数が存在することを発見した。

　数学が嫌い、という人の中には、虚数iについて文句を言う人が多いらしい。しかしわたしは、虚数iより、実数について文句を言いたいと思う。天はどうして実数をこんな奇妙なものにしてしまったのか、抗議したいのだ。天道是か非か、と絶叫した司馬遷の気分なのである。

数の発見は自然数からはじまった。1、2、3、…と続く数である。自然数は無限に存在する。実は、自然数は無限の中でも、もっとも小さな無限なのだ。

無限のような数えられないものに対して「小さな」とは何ごとか、アホかおまえは、と言いたい人もいるかもしれないが、これにはそれなりの意味があるので、ここは目をつぶって先に進んでほしい。

自然数は1、2、3、…と数えていくことができるので、自然数の無限を「可算無限」と呼んでいる。これがもっとも小さな無限だ。

有理数は自然数よりたくさんあるように思えるが、本当にそうだろうか。

このように、すべてを数え上げることのできない量について、その大小を議論するときは、そのふたつの集合の間に一対一対応が存在するか、を考慮する。つまり、一対一対応が存在すれば、そのふたつの集合は同じ大きさだとみなすのだ。

集合論の創始者カントールは、おもしろい方法を使って、有理数を一列に並べてみせた。一列に並ぶということは、1、2、3、…と数字を振ることができることを意味する。つまり有理数は可算無限なのである。

有理数は自然数と同じだけ存在するというのだ。

ちょっと意外かもしれないが、この程度で驚いていては先が思いやられる。心を落ち着けて、次の議論に備えてほしい。

有理数の次は無理数ということになるが、無理数では話があいまいになってしまうので、「代数的数」について考えよう。

整数を係数とする代数方程式の根を、代数的数という。有理数は1次方程式の根なので代数的数だ。$\sqrt{2}$は

$$x^2=2$$

の根なので、やはり代数的数になる。

ガロアが見出したのは、代数的数の中には、有理数の累乗根であらわすことのできない数も含まれるという事実だ。もちろん、代数的数の中には複素数も含まれるが、その中の実数だけを、「実代数的数」と呼んだりしている。ここでは、実数である代数的数だけを考える。

では、代数的数はどれだけ存在するのか。カントールは巧妙な方法を用いて、代数的数も一列に並べてしまった。だから代数的数も可算無限なのである。

そしてこの物語は、さらに奇想天外な展開を見せる。

実数全体は、可算無限なのだろうか。

カントールはここで、対角線論法という驚くべき方法を使って、実数全体は可算無限より多いことを証明した。つまり実数は、可算無限よりもたくさん存在しているのだ。「たくさん」というのは正確な表現ではないので、数学では「濃度が濃い」と表現する。

代数的数ではない実数を「超越数」と呼んでいる。

超越数は、代数的数よりも「たくさん」存在する。数直線の任意の場所をスパッと切った場合、そこにあるのは100％、超越数なのだ。超越数のほうが濃度が濃いので、無限を相手に計算すればそうなる。

しかし、超越数の解明はあまり進んでいない。現在、複数の超越数が知られているが、ごく少数にすぎない。数学的に有用な超越数として知られているのは、いまのところ円周率πと、ネイピア数eぐらいだけなのだ。

これは目くるめくような結果ではないか。

考えれば考えるほど、わけがわからなくなる。

有理数は数直線上にぎっしりと詰まっている。2つの有理数をとってきて、足して2で割るとその中間の有理数が求まる。つまり、どんなに接近している有理数をとってきても、その間に別の有理数があるのだ。

この「ぎっしり」を、数学では「稠密《ちゅうみつ》」と表現している。有理数は稠密に存在しているのだ。しかし、隙間がないはずのその隙間に、代数的数が無限に存在している。それだけでも目が回るほどなのに、その隙間に、超越数がさらにたくさん存在しているというのだ。いったいどうなっているのか、到底、納得しがたい。

そもそも、超越数が可算無限よりも濃度が濃い、ということは、超越数を一列に並べることができないことを意味している。

実数はすべて、大小関係が確定している。超越数も例外ではない。2つの超越数を持ってくれば、一方はもう一方より必ず大きい。それなのに、その全体を一列に並べることができないとはどういうことなのか。

実数の気味悪さの極みは、超準解析が語る「超実数」だろう。超準解析では、すべての実数、たとえば1には、背後霊のように、0であるが0でない無限小超実数がまとわりついているというのだ。

ゼノン曰く、飛んでいる矢は、たとえば1秒後という瞬間を考えれば、静止している。つまり飛んでいる矢の速さは0なのだ。

これに対して超準解析は、こう反論する。1秒後という瞬間は、0であって0でない無限小超実数のあいだ動いているのであり、速さは存在する。

現実を見れば、超準解析の述べるほうが正しいと言うことができそうだが、その内容は到底、納得しがたい。

ガロアは、それまで累乗根とか無理数とかいう言葉であいまいに語られていた実数の世界の闇を、明るく照らし出す灯明をともした。有理数にはこれといった構造は存在しないが、代数的数には群という確固たる、そして美しい構造が存在することを示した。

しかし、ガロアの灯明の光が届くのは代数的数のところまでだ。代数的数の先にある超越数については、いまだ人類はほとんど何も知らない。

ガロアの予言

『第一論文』の補題Ⅲは、現代では「単拡大定理」と呼ばれているもので、「ある数」の存在を主張している。この補題Ⅲについて、論文を審査したポアソンは、証明が不十分だがこの定理はラグランジュがすでに証明している、と論評した。これが『第一論文』を却下する理由の一つだったのかもしれない。

ラグランジュの証明は、まさに力業《ちからわざ》とでも言うべきもので、華麗な式変形を用いて、実際に

「ある数」を計算するというものだった。「ある数」を求めるための具体的なアルゴリズムを見つけ出したのである。

ガロアの証明は、ポアソンの言うように不十分だったとは思えないが、読者にとって非常に不親切な記述だったというのは間違いない。とにかくわかりにくいのだ。

ラグランジュの証明も難解だが、一行一行追っていけば素直に理解できる。しかし、ガロアの証明はそうはいかない。わかりにくさの質が違うのだ。

ガロアは直接「ある数」を導くためのアルゴリズムを示したりはしない。いくつか式を並べて、「その結果、aはVの有理式であらわされるということになる」と述べておしまい、実にそっけないのだ。

その次の行で、「この命題は、アーベルの楕円関数に関する遺稿の中で、証明なしで引用されている」と記しているので、おそらくガロアはラグランジュの証明を知っていたが、それをあえて無視したのではないか、とわたしは思っている。つまり、自分の数学はラグランジュの「アルゴリズムを探究する数学」とは異なるのだ、という主張がそこに込められているのではないか、と思われるのだ。

ガロアは『第一論文』で、群を定立して以後、そのもととなった方程式にはまったく触れていない。もとの方程式などにはもう意味はない、群によって規定される数の世界の構造こそが重要なのだ、と宣言しているかのようだ。

ガロアは方程式を論じる過程で、方程式の根の置換群という代数的構造を発見した。そして、その代数的構造によって、無限に広がり複雑怪奇な変化をともなう数の世界を、掌《たなごころ》を指すように解明してしまったのだ。


1831年7月14日の革命記念日、ガロアは「人民の友の会」の仲間とともに、600人ほどのデモ隊の先頭に立ち、パリのポン・ヌフ橋を渡ってセーヌ川の右岸に出ようとしたところで警官隊と衝突し、逮捕された。ガロアは廃止された国家警備砲兵隊の制服を着ていたが、これは違法だった。さらに、ピストルとナイフで武装していたとも伝えられている。

ガロアは翌1832年3月16日まで、サン・ペラジー監獄に収監される。そしてその監獄の中で、1831年1月にアカデミーに提出した『第一論文』が拒否されたことを知る。

その論文をアカデミーに提出するのは3度目だった。これまでの2度は散逸、3度目は拒否による返却だった。

ガロアは怒った。

そして、アカデミーが自分の論文を認めないのならば、その後の研究を2つの論文にまとめ、『第一論文』とあわせて3本の論文集として自費出版しようと計画し、獄中でその論文集の序文を執筆する。

この序文は、ガロアを認めようとしない権威への罵詈雑言にあふれている。同時に、自分の数学が未来の数学であることへの確信に満ちている。ある意味で、ガロアの予言でもあった。

序文の一部を引用しよう。

オイラー以後の数学では計算することはますます必要とならざるを得なかった。しかしより進歩した科学の対象に適用されていくにつれて、それはますます困難なものとなってきた。

(中略)

……思うに、解析学者の思索によって予想された代数的変形が、いつまでたっても、そしてどこまでいっても見出されないという時がいずれやってくるだろう。そうなったら予想したことに満足しなければならなくなるのだ。新しい解析学には救いがないと言いたいのではない。そうではなくて、さもなければいつか限界に達すると思われると言いたいのである。

数多の計算を結合する足場まで跳躍すること、操作をグループ化すること、そして形によってではなく難しさによって分類すること、これらこそ、私の意見では、未来の幾何学者たちの仕事なのだ。そしてこれこそ、この著作の中で私がとる道なのだ。

（『ガロア――天才数学者の生涯』加藤文元著、中公新書）

文中の「幾何学者」は、現代では「数学者」と表現するところだろう。

この部分は、ガロアの夢、あるいはガロアの予言、と読みとることが可能だ。ガロアは『第一論文』で、累乗根で解くことのできる方程式の必要十分条件を明示した。しかし、ガロアの業績はこのことにあるわけではない。それを示すためにガロアが用いた方法が、画期的だったのだ。「数の世界」を「群の世界」に対応させ、そして群という代数的構造によって「数の世界」を解明してみせたのである。

この方法は、現代へと続く。グロタンディークが自分の仕事を、ガロアの夢の実現だと述べたのは、こういう意味だったはずだ。

残念なことに第二の論文、第三の論文が書かれることはなかった。ガロアはこの半年後にこの世を去る。時間がなかったのだ。

死の前日、親友のシュヴァリエにあてた遺書は、次のように終わる。

これらの定理が正しいかどうかではなく、その重要性について、ヤコビかガウスに公式に質問してほしい。

すべてが終わったあとで、この混乱した書き付けの解読が有益であると気づく人が現れるだろう。ぼくはそれを希望している。

君を熱く抱きしめながら。

E Galois　1832年5月29日

「正しいかどうかではなく、その重要性」というあたりに、ガロアの絶対の自信を感じとることができる。また、フランスの数学者ではなく、ヤコビとガウスの名前があげられている背景には、自分の論文を認めようとしないフランスの数学界への反発があったのかもしれない。

ガロアの予言の通り、『第一論文』は数学の世界に革命をもたらした。

アルゴリズムを探究する数学から、構造を探究する数学へ、と。

おわりに

正規部分群を理解する。

本書の目標をここに定めて書き進めてきた。ガロアの業績はよく「5次方程式が解けないことを証明した」といわれている。この表現は正確ではないが、正規部分群がわかれば、代数方程式を累乗根で解く仕掛けが理解できるし、一般の5次方程式を累乗根で解くことができない仕組みもわかるはずだ。

正規部分群そのものの性質はきわめて単純明快であり、中学生でも十分に理解できる。本書を読めば、ガロア以前の錚々たる数学者たちがどうして正規部分群に気づかなかったのか、不思議に思うはずだ。ガロア自身も正規部分群の発見に苦労したことが『第一論文』からうかがえる。

前人未踏の地にはじめて乗り込む冒険者は、山刀を振るって藪《やぶ》や茨《いばら》を切り開きながら一歩一歩進んでいかなければならない。しかし、そのような悪路もいまはきれいに整備されている。21世紀のわたしたちは、そのきちんと整えられた舗装道路を観光バスに乗って旅しているのだということを忘れてはならないだろう。

文学や芸術の分野では、はたして進歩があるのかどうかはっきりしない。たとえば自分の書いた文章が、司馬遷《しばせん》の『史記』や万年落第生である蒲松齢《ほしょうれい》の『聊斎志異《りょうさいしい》』を凌駕していると強弁できる文章家はほとんどいないはずだ。しかし数学や科学の分野は違う。かの天才フェルマーが現代の高校生を観たらどう思うだろうか。自分があれほど苦労した微分を、年端もいかない少年少女たちが自由自在にこなしているのを目にしたら感涙にむせぶかもしれない。あるいは驚いて腰を抜かすだろうか。正規部分群を学びながらわたしは幾度も、かつては神々に愛された少数の天才しか目にしえなかった光景を眼前にしているのだ、という感慨にひたったものだ。

ガロアの『第一論文』は、正規部分群の発見に終わっているわけではない。正規部分群がその柱のひとつであることは間違いないが、もうひとつ、さらに大きな柱がある。体の拡大と群の縮小は一対一に対応しているという美しい定理、「ガロア対応」だ。もちろん当時はガロア対応なる用語は存在せず、そもそも体の概念さえ定着していなかったので、明示的にそれを示しているわけではないが、ガロアは『第一論文』の最初のページから、ガロア対応を念頭に置いて書き進めていったのだとわたしは思っている。このガロア対応を示すうえでも、正規部分群が決定的な役割を担っていることを強調しておきたい。

金　重明

巻末図式
1

要素の数が素数である群は、すべての要素が単位元以外の要素の累乗であらわされる

要素の数が素数 p である群 G の、単位元以外の任意の要素を a とする。すると、G の要素は次のようにあらわされる。

$$e、a、a^2、a^3、\cdots、a^{p-1} \cdots\cdots ①$$

証明

G は群なので、任意の要素 a に対して次のような要素 b が存在する。

$$ab = e$$

この b を a の逆元といい、a^{-1} と表記する。

G は有限群なので、a の累乗がすべて異なることはありえない。したがって、次のような m、n が存在する。

$$a^m = a^n \qquad m > n > 0$$

両辺に左から a^{-n} を作用させる。

$$a^m a^{-n} = a^n a^{-n} \quad \rightarrow \quad a^{m-n} = e$$

これは a の累乗の中に単位元 e となるものが存在することを意味する。そのような a の累乗のうち、最小の指数を q とする。すると $a^q = e$ となり、

$$e、a、a^2、a^3、\cdots、a^{q-1}$$

はすべて異なる。またこれは明らかに群となる。その群の要素の数は q である。ここで、ラグランジュの定理（177 ページ参照）により、q は p の約数になる。p は素数なので、q は 1 か p になる。

$q = 1$ の場合、$a^1 = e$、つまり a が単位元となるが、これはありえない。したがって $q = p$。ゆえに、G は①に一致する。

巻末図式 2　対称式を基本対称式の有理式であらわす問題

山形大学の入試問題を紹介しよう。

2次方程式 $x^2-3x+4=0$ の2つの解を α、β とするとき、の値を求めよ。

$$\frac{\beta}{\alpha-1}+\frac{\alpha}{\beta-1}$$

解答

根と係数の関係より、

$$\alpha+\beta=3、\alpha\beta=4$$

与式を変形していく。

$$\frac{\beta}{\alpha-1}+\frac{\alpha}{\beta-1}=\frac{\beta(\beta-1)}{(\alpha-1)(\beta-1)}+\frac{\alpha(\alpha-1)}{(\alpha-1)(\beta-1)}$$

$$=\frac{\beta^2-\beta+\alpha^2-\alpha}{\alpha\beta-\alpha-\beta+1}$$

$$=\frac{\alpha^2+\beta^2-(\alpha+\beta)}{\alpha\beta-(\alpha+\beta)+1}$$

$$=\frac{(\alpha+\beta)^2-2\alpha\beta-(\alpha+\beta)}{\alpha\beta-(\alpha+\beta)+1}$$

数値を代入して

$$= \frac{3^2-2\times4-3}{4-3+1} = \frac{-2}{2} = -1$$

根の数が2つだったので何とかなるが、根の数が増えていくと、式は絶望的に複雑になる。

たとえば5つの根をα、β、γ、δ《デルタ》、ε《イプシロン》とすると、基本対称式は次のようになる。

1つだけの根の和

$\alpha+\beta+\gamma+\delta+\varepsilon$

すべての根を2つずつかけたものの和

$\alpha\beta+\alpha\gamma+\alpha\delta+\alpha\varepsilon+\beta\gamma+\beta\delta+\beta\varepsilon+\gamma\delta+\gamma\varepsilon+\delta\varepsilon$

すべての根を3つずつかけたものの和

$\alpha\beta\gamma+\alpha\beta\delta+\alpha\beta\varepsilon+\alpha\gamma\delta+\alpha\gamma\varepsilon+\alpha\delta\varepsilon+\beta\gamma\delta$

$+\beta\gamma\varepsilon+\beta\delta\varepsilon+\gamma\delta\varepsilon$

すべての根を4つずつかけたものの和

$\alpha\beta\gamma\delta+\alpha\beta\gamma\varepsilon+\alpha\beta\delta\varepsilon+\alpha\gamma\delta\varepsilon+\beta\gamma\delta\varepsilon$

すべての根をかけたもの

$\alpha\beta\gamma\delta\varepsilon$

複雑な根の有理式を、この5つの基本対称式であらわせ、と言われても、頭を抱えるしかあるまい。

巻末図式 3　3つに変化する式の値の求め方

1でない1の3乗根の1つをaとする。すると、

$$a^3 = 1$$
$$a^3 - 1 = 0$$

となる。これは

$$a^3+0a^2+0a-1 = 0$$

を意味している。この根は1、a、a^2なので、根と係数の関係から

$$1+a+a^2 = 0$$

という美しい関係が出てくる。この式はあとで使う。

fに（e、p、p^2）をほどこしたときに変化する式f、g、hを順番に並べ、それぞれに1、a、a^2をかけて足し合わせる。すると次の式ができあがる。

$$1\times f+a\times g+a^2\times h = f+ag+a^2h$$

これが、ガロアファンの間に伝説のように伝えられている、あの「ラグランジュの分解式」だ。これをZとしよう。

Zにeをほどこしても、当然のことながら変化しない。

pをほどこすと、$f\rightarrow g$、$g\rightarrow h$、$h\rightarrow f$のように変化する。

$$f+ag+a^2h \rightarrow g+ah+a^2f$$

これを、a^2Zと比べてみよう。$a^3 = 1$に注意。

$$a^2Z = a^2(f+ag+a^2h) = a^2f+a^3g+a^4h$$
$$= a^2f+g+ah = g+ah+a^2f$$

なんと、Zにpをほどこすと、Zにa^2をかけたものになるのだ。

同じようにしてZにp^2をほどこしてみよう。

$$f+ag+a^2h \rightarrow h+af+a^2g$$

今度はaZと比べてみる。

$$aZ = a(f + ag + a^2h) = af + a^2g + a^3h = af + a^2g + h$$
$$= h + af + a^2g$$

と、今度は Z に a をかけたものになる。

つまり、ラグランジュの分解式 Z は、Z か aZ か a^2Z に変化するのである。

ここで Z^3 を考えてみよう。

まず、$Z \to aZ$ と変化した場合

$$Z^3 \to (aZ)^3 = a^3Z^3 = Z^3$$

次に、$Z \to a^2Z$ と変化した場合

$$Z^3 \to (a^2Z)^3 = a^6Z^3 = Z^3$$

いずれにせよ、Z^3 は変わらない。つまり Z^3 は対称式なのだ。だから Z^3 の値はわかる。つまり、

$$Z^3 = \mathrm{D}$$

という二項方程式をつくることができるのだ。それを解けば Z の値もわかる。

同じようにして、f、g、h を別の順番に並べた式

$$f + a^2g + ah$$

の値もわかる。また、

$$f + g + h$$

はもともと対称式だから、この値もわかる。それぞれの値を A、B、C として並べてみよう。

$$f + g + h = \mathrm{A}$$
$$f + ag + a^2h = \mathrm{B}$$
$$f + a^2g + ah = \mathrm{C}$$

これを辺々足してみる。

$$3f + (1 + a + a^2)g + (1 + a + a^2)h = \mathrm{A} + \mathrm{B} + \mathrm{C}$$

ここで、$1 + a + a^2 = 0$ であることを思い出そう。

$$3f = \mathrm{A} + \mathrm{B} + \mathrm{C}$$

これで f が求まった。同様にして、g、h も求まる。

巻末図式 4　セクシー5人娘が5、11、17、23、29に限られることの証明

5つ並んだセクシー素数の一番小さな数をNとする。すると、5つのセクシー素数は次のようにあらわすことができる。

$$N \quad N+6 \quad N+12 \quad N+18 \quad N+24$$

ここで、5を基準にしたカレンダー算を考える。すると5つのセクシー素数は次のようになる。

$$N \quad N+6 \equiv N+1 \quad N+12 \equiv N+2$$
$$N+18 \equiv N+3 \quad N+24 \equiv N+4$$

5を基準にしたカレンダー算なので、Nは0、1、2、3、4のどれかである。したがって次のように、5つのセクシー素数のどれかは0に合同となる。

$N\equiv 0$の場合　$N \equiv 0$

$N\equiv 1$の場合　$N+4 \equiv 1+4 \equiv 0$

$N\equiv 2$の場合　$N+3 \equiv 2+3 \equiv 0$

$N\equiv 3$の場合　$N+2 \equiv 3+2 \equiv 0$

$N\equiv 4$の場合　$N+1 \equiv 4+1 \equiv 0$

つまり、5つのセクシー素数のどれかは5の倍数となる。5の倍数で素数であるのは5に限られるので、5つのセクシー素数は5を含む。

したがって、素数は無数に存在するが、セクシー5人娘は5を含むこの5人に限られる。

5　11　17　23　29

【ま・や行】

【ら行】

さくいん

【あ行】

【か行】

【さ行】